System der Ernährung

Von

Dr. Clemens Freiherr von Pirquet
o. ö. Professor für Kinderheilkunde und Vorstand der Universitäts-Kinderklinik
in Wien

Erster Teil

Mit 3 Tafeln und 17 Abbildungen

Berlin
Verlag von Julius Springer
1917

Erweiterter Sonderdruck

aus der

Zeitschrift für Kinderheilkunde

Band XIV und XV

ISBN-13: 978-3-642-98325-2 e-ISBN-13: 978-3-642-99137-0
DOI: 10.100/978-3-642-99137-0

Softcover reprint of the hardcover 1st edition 1917

Inhaltsverzeichnis

Allgemeine Übersicht.

Unsere Nahrung besteht aus Brennstoffen und Baustoffen. Die Brennstoffe sind in letzter Linie Kohlenstoff und Wasserstoff, die bei ihrer Verbindung mit Sauerstoff, der Verbrennung, Energie abgeben. Diese Energie wird von uns zum Treiben unserer Lebensmaschine: zur Atmung, zum Blutkreislaufe, zur Aufrechterhaltung unserer Körperwärme und zur Arbeit unserer Muskeln verwendet. Das Brennmaterial kann aber von uns nicht in der reinen Substanz des Kohlenstoffes oder Wasserstoffes verdaut werden, sondern nur in chemischen Verbindungen, in welchen die Grundstoffe in bestimmter Weise gruppiert sind und eine Vereinigung mit Sauerstoff schon zum Teile eingetreten ist. (S. 23.)

Die wichtigsten Brennmaterialien, die wir aufnehmen können, sind die Kohlenhydrate oder Zuckerstoffe, die viel konzentrierteren Fette und endlich die Eiweißkörper, bei welch letzteren Stickstoff und Schwefel den Kohlenstoffwasserstoffverbindungen beigegeben sind und ihnen besondere Fähigkeiten verleihen. Die Eiweißkörper sind nämlich nicht bloß als Brennstoff, sondern auch als Baustoff zu verwerten. Von ihnen bilden wir die Kerne und die Wände der Zellen, aus denen unser Organismus aufgebaut ist. Neben dem Eiweiß benutzen wir auch unverbrennbare Baustoffe: das Wasser, das alle Zellen ausfüllt, und die Salze, die teils in dem Wasser gelöst sind, teils in fester Form das Knochengerüst unseres Zellstaates bilden. (S. 36.)

Damit der Organismus sein Leben fortsetzen kann, braucht er eine regelmäßige Zufuhr von Brenn- und Baustoffen in den Nahrungsmitteln. Von diesen ist das Wasser am leichtesten zu haben, die Salze sind gleichfalls ohne Schwierigkeit zu beschaffen; das, was wir teuer kaufen müssen, sind die Brennstoffe und besonders das Eiweiß. Für diese Stoffe ist heute eine sorgfältige Verteilung unter der Bevölkerung nötig, denn sie sind nur in beschränktem Ausmaße vorhanden, und wir müssen uns vor der Verteilung klar darüber sein, in welcher Menge sie von den einzelnen Organismen wirklich benötigt werden.

Eine Klarheit über diese Frage wäre leicht zu erreichen gewesen, wenn alle unsere Nahrungsmittel reine Substanzen wären. Sie bestehen aber mit Ausnahme von Fett und Zucker aus Gemischen aller genannten Körper. So enthält das Fleisch neben viel Wasser Eiweiß, Fett und Salze, der Getreidesamen Kohlenhydrate, Eiweiß, Salze neben wenig Wasser. Bei dieser Komplikation ist es sehr schwer, die tausendfältige tägliche Erfahrung über den Nahrungsbedarf zu einheitlichen Ergebnissen zusammenzufassen. Von der Wissenschaft wurde zuerst die Trockensubstanz, der trockene Rest des Nahrungsmittels nach Abdampfen des Wassers, zur Grundlage der Rechnung genommen, dann die chemischen Teilsubstanzen Fett, Kohlenhydrate und Eiweiß, dann die Wärmemenge in Calorien, welche das Nahrungsmittel bei Verbrennung im Ofen abgibt (Rubner). Für die landwirtschaftlichen Nutztiere wurde die Fettproduktion durch Stärke als eine praktische Einheit gewählt (Kellner).

Ich habe für den Menschen ein anderes physiologisches Maß angegeben, den Nahrungswert der Milch. Die Milch ist das einzige Nahrungsmittel, von dem ganz unzweifelhaft feststeht, daß es unserem Körper angepaßt ist. Wenn die Vegetarier behaupten, daß unsere ältesten Voreltern sich von Früchten genährt haben und daß darum alle tierische Leibessubstanz für uns ein unnatürliches Nahrungsmittel ist, und wenn ihre Gegner hinwiederum sagen, daß unsere näheren Voreltern Hirten und Jäger waren, die keine Felder kultiviert, sondern sich vorwiegend von tierischen Produkten genährt haben, so können doch beide Parteien nicht leugnen, daß die Nahrung des menschlichen Säuglings stets die Muttermilch gewesen ist. Die Milch enthält alle chemischen Bestandteile, die ich früher als Bau- und Brennstoffe aufführte, und sie kann in jedem Lebensalter, wenigstens vorübergehend, als alleinige Nahrung verwendet werden. (S. 9.)

Ich nehme also die Milch, und zwar die menschliche Milch, zum Ausgangspunkt für die Ernährung. Als Grundmaß gilt eine Milch, welche einen bestimmten Brennwert hat (667 kleine Calorien im Gramm), was einem Fettgehalt von 3,7 % und einem Eiweißgehalte von 1,7 % entspricht. Die metrische Einheit ist 1 g dieser Milch. Ich nenne diese Einheit ein Nem (Nahrungseinheit Milch oder, in der neutralen lateinischen Sprache: Nutritionis Elementum). 1000 g Milch sind ein Kilonem. Als praktische Portionseinheit für die Ernährung des einzelnen dient das Hektonem, der Wert von 100 g Milch. Alle Nahrungsmittel werden mit der Milch verglichen, und zwar zunächst auf Grund ihres Brennwertes. So ist z. B. die Butter 12 mal so konzentriert als die Milch: 1 g Butter hat so viel Brennstoff wie 12 g Milch, wir sagen: 1 g Butter enthält 12 Nem. Das Mehl hat 5 mal so viel Brennstoff als Milch; 1 g Mehl enthält 5 Nem. Wenn wir eine Nahrungsportion geben wollen, die den Wert von 100 g Milch, von 1 Hektonem, hat, so müssen wir dazu 20 g Mehl nehmen. Von jedem Nahrungsmittel werden die Portionen so abgewogen, daß ihr Nahrungswert 1, 2 oder 5 Hektonem entspricht. In meinem System wird die Anzahl der Portionen festgesetzt, die der einzelne an jedem Tag zu sich nehmen soll: er erhält sein bestimmtes Maß an Brennstoff je nach den Nahrungsmitteln, die gerade zur Verfügung stehen, in dieser oder jener Form.

Eine zweite Berechnung betrifft den Eiweißwert der Nahrung. Die Eiweißmenge, welche in 100 g Frauenmilch enthalten ist (10% des Brennstoffes, 10 Nem oder ein Dekanem, sind in stickstoffhaltiger Verbindung), bildet auch hier die Portionseinheit, und es wird bei der Zusammensetzung des Speisezettels darauf gesehen, daß mindestens ebenso viele Eiweißdekanem in der Nahrung enthalten sind wie Brennstoffhektonem. (S. 43.)

Wie kommen wir aber zu einer richtigen Feststellung jener Nahrungsmenge, welche der einzelne Mensch in einem Tage aufnehmen muß, um seinen Körper zu erhalten und seinen Funktionen zu genügen?

Ich gehe hier einerseits von den Erfahrungen aus, welche in den letzten 30 Jahren über die Kost des Erwachsenen in den verschiedenen Ländern und den verschiedenen Berufen gemacht worden sind. Ich benutze ferner die Beobachtungen über die Milchmengen, die von Kindern an der Mutterbrust getrunken worden sind. Für die Feststellung des Nahrungsbedarfs im mittleren Kindesalter dienen mir ausgedehnte Beobachtungen an meiner Klinik. Andererseits habe ich die Erfahrungen der Physiologen, die mit kleineren Versuchstieren arbeiteten, und die reichlichen Daten der Landwirtschaft zu Rate gezogen, von welcher bei der Ernährung des Rindes, des Pferdes und des Schweines sehr viel wertvolles Material gesammelt wurde.

Zwei Grenzpunkte lassen sich mit einer gewissen Exaktheit aufstellen (ganz exakte Einzelzahlen haben in der Ernährungslehre keinen Wert, wir können uns nur auf Mittelzahlen von großen Untersuchungsreihen verlassen): das Maximum, die größte Nahrungsmenge, welche der Magendarmkanal im Laufe eines Tages verträgt, ohne Schaden zu leiden, und das Minimum, jene Nahrungsmenge, welche gerade genügt, um bei möglichster Ruhe das Körpergewicht eben noch zu erhalten.

Wenn wir die Maximalzahlen der Nahrung, welche verschiedene

Organismen vertragen, miteinander vergleichen, so ergibt sich die Tatsache, daß bei der gleichen Tiergattung und bei der gleichen Nahrung die Ausdehnung des Darmkanals es ist, die Größe der resorbierenden Fläche, welche der Nahrungsaufnahme eine obere Grenze setzt. Wir können uns den Darmkanal als ein Filter vorstellen, auf das die Nahrung aufgegossen wird. Je größer die Fläche des Filters ist, desto mehr Nahrung kann durch das Filter treten und verdaut werden.

Welches ist nun die Größe des Filters, die Fläche des resorbierenden Darmes? Beim Menschen besteht eine einfache Beziehung der Darmlänge zur Sitzhöhe. Die Sitzhöhe ist die Distanz zwischen Sitzfläche und Scheitelhöhe beim aufrechtsitzenden Menschen. Sie ist die Länge von Rumpf und Kopf und hat wieder eine sehr enge Beziehung zum durchschnittlichen Körpergewicht. (S. 48.) Der Dünn- und Dickdarm nun ist zusammengenommen ungefähr 10 mal so lang als die Sitzhöhe, und die durchschnittliche Breite des Darmes bei mittlerem Füllungszustande beträgt ungefähr $^1/_{10}$ der Sitzhöhe. Die Fläche des Darmes, das Produkt von Länge und Breite, beträgt 10 Sitzhöhen mal $^1/_{10}$ Sitzhöhe, das ist soviel wie das Quadrat der Sitzhöhe. Wir können uns somit die Darmfläche des Menschen als ein quadratisches Filter vorstellen, dessen Seitenlänge so groß ist wie die Sitzhöhe.

Wenn wir nun die maximalen Nahrungsmengen verschiedener Altersgruppen in Milchwert umrechnen und mit dem Sitzhöhequadrat der betreffenden Körpergröße vergleichen, so kommen wir zu dem Schlusse, daß von 1 qcm der Darmfläche in einem Tage maximal 1 g Milchwert verdaut werden kann. Ein erwachsener Mann von 90 cm Sitzhöhe hat eine Darmfläche von 90 × 90, d. i. 8100 qcm. Das Maximum an Nahrung, das er an einem Tage verdauen kann, ist 8100 g Milchwert. Ein 2 jähriges Kind von 50 cm Sitzhöhe hat eine Darmfläche von 50 × 50, d. i. 2500 qcm, und es verdaut maximal 2500 g Milchwert oder 25 Hektonem.

Wir kommen nun zu dem anderen Extrem, dem Minimum. Die geringste Menge, mit der der Mensch eben noch das Leben fristen kann, im warmen Bett, bei sparsamster Körperbewegung, ist ungefähr $^3/_{10}$ g Milch oder 3 Decinem auf den Quadratzentimeter Darmfläche. Diese Menge entspricht dem Energiebedarf, der für Herz- und Atembewegung und für die Funktionen der Drüsen aufgewendet werden muß, um das Leben zu erhalten, ohne von den eigenen Reservesubstanzen des Körpers zu zehren, ohne im Gewichte abzunehmen. Bei dem Manne von 90 cm Sitzhöhe wäre das Minimum 8100 × $^3/_{10}$, d. i. 2430 g Milchwert, bei dem Kinde von

50 cm Sitzhöhe 2500 × $^3/_{10}$ oder 750 g Milchwert. Die Nahrungsmenge, welche der Mensch pro Tag zu sich nehmen soll, das Optimum, die der jeweiligen Funktion angepaßte Nahrung, liegt zwischen Maximum und Minimum. Für einen Typhuskranken, der im Bette liegt und dessen Darm geschont werden soll, wird das Minimum gleichzeitig das Optimum sein; für einen Arbeiter dagegen, der schwerste körperliche Arbeit leisten soll, oder für eine Amme, die mehreren Kindern Milch geben soll, wird das Maximum gleichzeitig das Optimum darstellen. Von diesen Ausnahmefällen abgesehen, liegt das Optimum gewöhnlich zwischen 4 und 7 Decinem pro Quadratzentimeter. Erwachsene mit vorwiegend sitzender Lebensweise brauchen 4, Erwachsene mit vorwiegend stehender Lebensweise ohne anstrengende Arbeit 5 und ebensoviel brauchen die Säuglinge, die wohl ruhig liegen, aber stark wachsen sollen. Die Erwachsenen endlich, welche körperliche Arbeit leisten, und Kinder im Spielalter brauchen 6 bis 7 Decinem. (S. 94.)

Die Berechnung der Nahrungsmenge für den einzelnen läßt sich nun leicht aus seiner Funktion und seiner Sitzhöhe ableiten. Nehmen wir als Beispiel eine Frau mit vorwiegend sitzender Lebensweise. Ihrer Funktion entspricht eine Nahrungsmenge von 4 Decinem. Die Sitzhöhe wird gemessen und ergibt 80 cm, das Quadrat daraus ist 6400, $^4/_{10}$ davon gibt einen Milchwert von 2560 Nem. In der Praxis wird diese Zahl auf Portionsgrößen von 5 zu 5 Hektonem abgerundet, also hier auf 25 Hektonemportionen, diese werden nach einem bestimmten Schema auf die einzelnen Mahlzeiten verteilt. (S. 100.)

Das sind die Grundsätze für die individuelle Ernährung; bei der Vorsorge für größere Gemeinschaften wird analog vorgegangen. Wenn wir z. B. eine Gruppe von Arbeitern zu versorgen haben, die mittelschwere Arbeit leisten sollen, so setzen wir zunächst die Funktion mit $^6/_{10}$ fest und multiplizieren damit die Ausdehnung der resorbierenden Fläche der Gesamtzahl. In diesem Falle können wir das Quadrat der Sitzhöhe eines Durchschnittsmannes als Grundlage nehmen. Wenn Kinder verschiedenen Alters ernährt werden sollen, so wird ihre Funktion bestimmt, z. B. bei rekonvalescenten Kindern außer Bett mit 7 Decinem. Dann werden die Kinder durch Messung der Sitzhöhe in Nahrungsklassen eingeteilt und erhalten ihre entsprechenden Nahrungsmengen zugewiesen. (S. 99.)

Alle diese Rechnungen habe ich durch Meßvorrichtungen und Tafeln möglichst vereinfacht. Ein Maßstab zeigt die Nahrungsklasse bei Messung der Sitzhöhe. Die Auswahl der Nahrungsmittel geschieht nach einer Tafel, welche gleichzeitig die Quadrate der Sitzhöhen und ihre

Zehntelteilung ohne jede Rechnung abzulesen ermöglicht. (S. 100.) Eine weitere Tafel ist dem Einkaufe der Nahrungsmittel nach dem Brennwerte gewidmet, eine dritte dem Einkaufe des Eiweißes. (S. 131.)

So wie die Dinge liegen, wird es nicht nur während des Krieges, sondern noch Jahre hinaus für ganz Mitteleuropa sehr wichtig sein, daß mit den Nahrungsmitteln sparsam umgegangen wird. Diese Sparsamkeit wird aber vielfach falsch verstanden und nur darin gesucht, daß man die Rationen immer mehr und mehr beschneidet. Das ist nicht gut, besonders nicht für Kinder. Wir wissen aus der Viehzucht, daß eine längere Entbehrungsperiode einen Stillstand des Wachstums mit sich bringt, ein Zurückbleiben, das dann später nicht mehr gutgemacht werden kann. Der wachsende Organismus muß einen Überschuß an Nahrung erhalten, um sich entfalten zu können. Auch beim Erwachsenen ist die einfache Herabsetzung des Nahrungsquantums eine falsche Sparsamkeit, besonders wenn man körperliche Arbeit erwartet.

Also in der Quantität dürfen wir nicht allzu viele Ersparnisse zu machen suchen; weitgehend sparen können wir in der Qualität. Die Irrtümer, denen wir in bezug auf die Qualität hauptsächlich begegnen, sind die Vorurteile über die Notwendigkeit des Fettes und die Zuträglichkeit einer reichen Eiweißkost. Das Fett ist ein Körper, der sich von den Kohlenhydraten nur durch seine Konzentration unterscheidet, es kann vollständig ersetzt werden, wenn wir an seiner Stelle die $2^1/_2$fache Menge von Stärke oder Zuckerstoffen geben. Daß unsere Küchengewohnheit das Fett verlangt, ist eine andere Sache. Der Körper braucht es nicht. Das war den Landwirten schon lange bekannt: sie ernährten die Kälber mit Magermilch und Stärke. Auch die Menschen lassen sich so ernähren. Ich habe Versuche mit absolut fettloser Kost bei Säuglingen gemacht. Sie erhielten nur zentrifugierte Magermilch mit Zucker und gediehen trotzdem. (S. 24.)

Der zweite Irrtum ist die Überschätzung des Eiweißes. Eine gewisse Menge davon ist notwendig, um den Aufbau bzw. die Reparatur der Körperzellen zu besorgen und um die Verdauungssäfte zu bilden. Über die Größe der notwendigen Menge gibt uns die Frauenmilch Aufschluß. Dort bildet das Eiweiß ungefähr $^1/_{10}$ des Nahrungswertes. In der gemischten Kost unserer wohlhabenden Stände ist viel mehr Eiweiß enthalten, bis über 20%. Um dieses Mehr ist es schade. Das Eiweiß ist ein kostspieliges Naturprodukt, und der Überschuß wird lediglich als Brennstoff benutzt. Als Brennstoff ist das Eiweiß aber nicht nur teuer, sondern sogar schlecht, denn fast die Hälfte wird durch die Nieren unverbrannt wieder ausgeschieden. Eine überschüssige Eiweißernährung ist dasselbe, als wenn wir mit kostbarem Bauholz einheizen würden. In Zeiten des Überflusses kann eine solche Verschwendung dem Gutdünken des einzelnen überlassen werden. Wenn aber das Bauholz selten ist, darf es nicht erlaubt sein, damit den Ofen zu füllen. Nach diesem Prinzip sind wir leider noch nicht verpflegt. Ganz besonders ungünstigen Einfluß hatten die großen Körperschaften, welche für ihre Angehörigen überflüssige Mengen von Eiweißkörpern und von teurem Fett zur Verteilung und Aufspeicherung brachten und dadurch bewirkten, daß die Produzenten möglichst viele Kohlenhydrate durch ihre Haustiere, besonders durch die Schweine, in Fleisch und Fett verwandeln lassen, ein Prozeß, bei dem riesige Mengen von Nährwerten verloren gehen. (S. 42.)

Hier komme ich zum praktischen und aktuellen Wert meines Systems, welches ich an meiner Klinik an Hunderten von Kindern jeden Alters mit Erfolg angewendet habe. Es gelingt mir, nach den ausgesprochenen Prinzipien einer sparsamen Eiweißverabreichung und einer vollständigen Hintansetzung des Fettes die Kinder mit sehr geringen Kosten vollständig zu ernähren.

Was ich mit meinem System erreichen will, ist, die Ernährung aus dem Gebiete der hohen Wissenschaft einerseits und der krassen Empirie andererseits in den Bereich der allgemeinen Verständlichkeit zu bringen. Die chemische Berechnung nach dem Prozentsatze der Nahrungsmittel an Eiweiß, Kohlenhydraten, Fett, Wasser und Salzen war so kompliziert, daß bei diesen vielen Grundstoffen und bei der Unzahl der verwendeten Nahrungsmittel nur ein geborener Rechenkünstler sich vor der Verwirrung retten konnte. Die Zusammenfassung in der Calorienrechnung hatte wieder den Nachteil einer allzu unverständlichen theoretischen Basis. Tatsache ist, daß in den letzten Jahren nur mehr wenige Ärzte sich in dem Wirrwarr zurechtfanden.

Auf der anderen Seite finden wir die gröbste Empirie in den altertümlichen Speisezetteln vieler Behörden, ja auch unserer Krankenhäuser, von den Gepflogenheiten der Wirtshaus- und Privatküche, die vornehmlich auf den Geschmack ohne Berücksichtigung des Nährwertes gerichtet sind, ganz zu schweigen.

Zum Schlusse möchte ich noch einmal den Gedankengang der Untersuchungen zusammenfassen.

Mit einem bequemen und leichtverständlichen Einheitsmaße, dem Naturprodukte der Milch, habe ich die Nahrung gemessen, die der

Mensch zu sich nimmt. Ausgedehnte Beobachtungen über die spontane Nahrungsaufnahme und der Vergleich meiner Beobachtungen mit den von anderen Autoren an Mensch und Tier gesammelten Daten haben mir die Grundlage geboten, um einfache Regeln für die menschliche Ernährung zu formulieren.

Nach diesen Regeln habe ich dann wieder die Ernährung zahlreicher Versuchspersonen geleitet und damit die praktische Verwendbarkeit meines Systems erprobt.

Das System besteht im wesentlichen aus folgenden neuen Punkten:

1. Die Milch ist als natürliche Einheit eingeführt und im metrischen System verwendet. Alle Nahrungsmittel werden in ihrem physiologischen Werte mit der Milch verglichen. Das erspart uns die schwer verständlichen Berechnungsarten.

2. Das Nahrungsbedürfnis des einzelnen wird in zwei Faktoren zerlegt: die Größe und Aufnahmefähigkeit seines Darmkanals (Darmfläche) und die vom Individuum erwartete Betätigung (Funktion).

3. Ein Maßstab und mehrere Tafeln setzen an Stelle der mathematischen Berechnung eine einfache Ablesung und ermöglichen außerdem die praktische Auswahl der Nahrungsmittel nach der jeweils gegebenen Preislage.

Ich hoffe, daß die Bequemlichkeit meines Systems so einleuchtend ist, daß es durch die Ärzte weiten Kreisen der Bevölkerung zugänglich werden wird.

Die Ernährung wird für Jahre hinaus unsere wichtigste Sorge sein müssen. Wenn wir damit beginnen, die Kostordnung rationell einzurichten, so wird auch die Produktion der Nahrungsmittel uns auf dem rationellen Wege folgen müssen. Wir werden dann imstande sein, mit geringeren Ernteerträgen und ohne ausländische Zufuhr nicht nur durchzuhalten, sondern einen gesunden, kräftigen Nachwuchs aufzuziehen.

Die Milch als Nahrungseinheit.

Die schönen Erkenntnisse über den Nahrungsbedarf von Mensch und Tier sind bis jetzt noch fast gar nicht in die ärztliche Praxis übernommen worden. Selbst die Stoffwechselsanatorien beschränken sich gewöhnlich auf Verordnung der Qualität der Nahrung und gehen über die Quantität flüchtig hinweg. Die Studenten der verschiedensten Universitäten haben heute, wie ich mich bei den Prüfungen überzeugte, keine Ahnung davon, wie sie in der Praxis die Ernährung eines Menschen regeln sollen.

Der Grund dafür scheint mir darin gelegen, daß die physiologische Lehre von der quantitativen Ernährung bei Rücksichtnahme auf die chemischen Teilsubstanzen (Eiweiß, Fett und Kohlenhydrate) sich in der Praxis außerordentlich kompliziert gestaltet, und daß ihre Zusammenfassung auf Grundlage der Calorienrechnung an vielen Unklarheiten leidet. Die Ärzte und selbst die Autoren verstehen recht verschiedene Dinge unter dem kalorischen Werte der Nahrung: Den vollständigen Verbrennungswert der eingeführten Substanzen oder den Verbrennungswert nach Abzug der im Stuhle wieder abgegebenen Anteile, oder den Verbrennungswert der nach den Rubnerschen Standardzahlen — welche auch den Abgang brennbarer Körper im Urin berücksichtigen — berechneten chemischen Teilsubstanzen; und das wieder mit oder ohne Rücksicht auf die Ausnutzung des betreffenden Nahrungsstoffes. Die Hauptschwierigkeit für das Verständnis des Praktikers dürfte übrigens darin liegen, daß der physikalische Begriff der Calorie, der Wärmemenge, die nötig ist, um 1 g Wasser um einen Grad zu erwärmen, so weit abliegt, daß den meisten Ärzten nicht einmal die Unterscheidung zwischen großen und kleinen Calorien geläufig geworden ist.

Wir brauchen für die Klinik statt der chemischen oder physikalischen eine physiologische Einheit des Nährwertes.

Wir müssen damit allerdings in der menschlichen Ernährung von vornherein und mit Bewußtsein auf die Exaktheit verzichten, welche uns die chemische und die physikalische Einheit jetzt zu bieten schienen. Diese Exaktheit war nur eine vorgetäuschte. Die bis zum Milligramm berechneten Eiweißzahlen haben darauf vergessen lassen, daß die Multiplikation des im Stoffwechselversuche gefundenen Stickstoffes mit 6,25, um den Eiweißwert zu erhalten, auf einer sehr ungenauen Durchschnittsrechnung basiert (Eiweiß enthält zwischen 15,0 und 18,4% N), und die bis auf die kleinen Calorien exakt erscheinenden Wärmezahlen gehen darüber weg, daß die Rubnerschen Standardzahlen, aus denen sie gewöhnlich berechnet werden, auch nur Durchschnittswerte sind, die auf eine mathematische Exaktheit keinen Anspruch machen.

Aber die chemischen und physikalischen Berechnungen waren nicht nur ungenau, sondern irreführend. Auf den Abgang von Verbrennungswerten in Darmgasen, auf die elektive Verschiebung der Verbrennungswerte von Fetten und Kohlenhydraten bei der Verdauung und besonders auf den Verlust physiologisch wirksamer Energie bei der Kau- und Verdauungsarbeit wurde keine Rücksicht genommen. Wenn diese Faktoren auch bei den zumeist leicht verdaulichen Nahrungsmitteln des Menschen viel weniger in Betracht kommen als beim Tiere, so kann doch auch aus diesem Grunde von einer Genauigkeit keine Rede sein.

Ein anderer Faktor, der beim Alkoholgenuß des Menschen sehr in Betracht fällt, ist der Verlust von Wärme durch vasomotorische Störungen, so daß eine ganz andere Bilanz für die wichtigen Lebensfunktionen geliefert wird, als nach der Aufnahme der chemischen Substanzen zu erwarten wäre.

Die Nahrungsbewertung darf also nicht einseitig auf der chemischen und physikalischen Qualität aufgebaut sein, sondern sie muß sich auf die Lebensfunktionen des Wachstums, der Muskelarbeit, der Milchabgabe mit empirischer Kontrolle stützen.

Aus ähnlichen Erwägungen hat Kellner bei der Ernährung der Nutztiere eine empirische Einheit eingeführt, den Stärkewert. Er fand, daß bei der Mast der Wiederkäuer ein Kilogramm Stärke, als überschüssige Zulage zu einem bestimmten, für die Gewichtserhaltung genügenden Grundfutter gegeben, durchschnittlich die Speicherung von 250 g Fett erzeugt. Ein Nahrungsmittel, von dem 1 kg nur die halbe Fettmenge, nur 125 g zum Ansatze bringt, hat in 100 kg den Wert von 50 kg Stärke oder den „Stärkewert 50". Kellner hat nachgewiesen, daß diese, bei der Produktion des Fettes empirisch gewonnenen Werte auch bei der Muskelarbeit und der Milchproduktion zur Bewertung der Futtermittel dienen können.

Für den Menschen ist eine analoge Ermittlung des physiologischen Nahrungswertes nicht möglich, weil bei ihm die Neigung zum Fettansatz individuell zu stark verschieden ist: Von den meisten Menschen wird ein größerer Nahrungsüberschuß nur schwer aufgenommen oder in gesteigerte Verbrennungen umgesetzt. Wir müssen also schon darum eine andere Methode verwenden; aber auch das Grundmaß, die Stärke, finde ich nicht ideal, weil sie ein ganz einseitiges Nahrungsmittel ist.

Als Grundmaß scheint mir die Milch am besten geeignet: Sie ist eine Nahrung, die alle chemischen Hauptstoffe: Eiweiß, Fett, Kohlenhydrate, Wasser und Salze enthält; sie bestreitet ganz allein den Stoffwechsel und den Körperaufbau im ersten Lebenshalbjahr des Menschen, und sie kann auch im späteren Leben immer gegeben werden. Außerdem ist die Milch das einzige Nahrungsmittel, von dem ohne allen Zweifel feststeht, daß es unserem Verdauungskanale von vorneherein angepaßt ist.

Ich schlage darum als physiologische Nahrungseinheit die Milch vor. Als theoretisches Grundmaß dient eine Milch, von welcher ein Gramm bei der Oxydation im menschlichen Körper eine Wärmemenge von 667 kleinen Calorien frei werden läßt.

Die metrische Einheit der Ernährung ist das Nem (Nahrungs-Einheit-Milch oder Nutritionis Elementum), kurz geschrieben: n, der Nahrungswert von 1 g Milch. Die Vielfachen der Einheit werden nach dem metrischen System genannt:

Dekanem, dkn, der Nahrungswert von 10 g Milch,
Hektonem, hn, der Nahrungswert von 100 g Milch,
Kilonem, kn, der Nahrungswert von 1000 g Milch,
oder rund von einem Liter Milch,
Tonnenem, tn, der Nahrungswert von 1000 kg Milch.

Als Methode der Kontrolle des physiologischen Vergleichswertes anderer Nahrungsmittel im Verhältnis zur Milch verwende ich das Ersatzverfahren. Bei Kindern mit reiner Milchnahrung wird ein Teil der Milch durch den zu prüfenden Körper ersetzt und bestimmt, ob der aus der chemischen Zusammensetzung oder der calorimetrischen Prüfung berechnete Wert auch dem physiologischen Werte entspricht, indem konstatiert wird, ob die Gewichtszunahme des Kindes in gleicher Weise fortschreitet wie bei der als gleichwertig supponierten Milch. Beim Erwachsenen wird im Rahmen einer Grundnahrung zuerst Milch eingeführt und dann durch den zu prüfenden Körper ersetzt, und konstatiert, ob dadurch das Körpergewicht auf gleicher Höhe erhalten werden kann.

Im Gegensatze zu Stoffwechselversuchen, welche für das Kind immer eine unphysiologische Beeinflussung der Lebensweise bedeuten, können diese Versuche in beliebiger Dauer ausgeführt werden, und sie müssen auch an vielen Individuen wiederholt werden, um bindende Schlüsse zu ziehen.

Den Ausgangspunkt der Berechnung gibt die Lehre von der physiologischen Vertretung der Nahrungskörper nach der ihnen entstammenden Wärme. 667 kleine Calorien sind gleich ein Nem, oder eine „ausnutzbare" große Calorie ist gleich 1,5 Nem.

Aus den chemischen Analysen kann der Nährwert nur unter Berücksichtigung der empirisch zu bestimmenden Ausnützung des Nahrungsmittels gewonnen werden (s. Sachregister).

Den theoretischen Bedingungen, um als Grundmaß zu gelten, entspricht Milch von folgender chemischer Zusammensetzung:

Frauenmilch	Eiweiß	1,7%	Fett	3,7%	Milchzucker	6,7%
Kuhmilch	„	3,3%	„	3,7%	„	5%

In der Tabelle auf S. 13 sind die wichtigsten Daten über die chemischen Bestandteile der Milch aus dem Werke von König (II. Teil, S. 596—664, 1477) zusammengetragen.

Zuerst die Zahl der Untersuchungen, aus denen die folgenden Durchschnittszahlen genommen sind. Hier ist die Kuhmilch obenan: 705 Einzeluntersuchungen sind von König verwertet. Größere Reihen von Untersuchungen liegen den Zahlen über folgende Milcharten zugrunde: Frauenmilch 173, Ziege 100, Esel 75, Stute 72, Schaf 71, Hund 46, während die Zahlen für die übrigen Tiergattungen nur auf wenigen Proben beruhen, daher nicht so beweiskräftig sind[1]).

Es folgt Wassergehalt, Eiweiß (Stickstoff × 6,37), Fett, Milchzucker, Asche. Dann die Summe der Rohcalorien, das Nährstoffverhältnis (Calorien der stickstofffreien Substanzen, dividiert durch die Calorien aus Eiweiß); in der nächsten Rubrik der prozentische Gehalt an Eiweißcalorien bezogen auf Gesamtcalorien. Dann die von König berechneten ausnutzbaren Calorien. Hierauf folgt der Wert in meinem System der Nemrechnung.

---

[1]) Tiergattungen, über deren Milch nur eine einzige Untersuchung vorlag, habe ich nicht berücksichtigt (Kaninchen, Zebu).

Vergleich der Milcharten.

1. Gattung	2. Zahl der Analysen, aus denen das Mittel gezog. ist	3. Wasser %	4. Eiweiß %	5. Fett %	6. Milchzucker %	7. Asche %	8. Kleine Calorien in 1 g	9. Nährstoffverhältnis	10. Eiweiß-Calorien div. durch Gesamt-Calorien %	11. Ausnützbare kleine Calorien in 1 g	12. Nem in 1 g	13. Eiweiß plus Milchzucker %	14. Eiweiß plus Milchzucker kleine Calorien in 1 g	15. Eiweiß plus Milchzucker Nem in 1000 g	16. Eiweiß divid. durch Eiweiß plus Milchzucker %
Frau	173	87,6	2,0	3,7	6,4	0,30	700	8,0	11,1	682	**1,02**	**8,4**	344	**510**	23
Kuh	705	87,3	3,4	3,7	4,9	0,72	704	4,3	18,8	672	**1,01**	**8,3**	340	**500**	41
Ziege	100	86,9	3,8	4,1	4,6	0,85	746	4,0	20,0	712	1,07	**8,4**	344	**510**	45
Stute	72	90,6	2,1	1,1	5,9	0,36	440	4,4	18,5	424	0,63	**8,0**	328	**480**	26
Esel	75	90,1	1,9	1,4	6,2	0,47	464	5,4	15,6	447	0,67	**8,1**	332	**490**	23
Maultier	3	89,2	2,6	1,9	5,7	0,53	533	4,1	19,6	512	0,77	**8,3**	340	**500**	31
Schaf	71	83,6	5,2	6,2	4,2	0,93	990	3,9	20,5	943	1,42	9,4	385	560	55
Büffel	13	82,2	4,7	7,5	4,8	0,84	1117	5,1	16,5	1065	1,6	9,5	390	570	49
Kamel	4	87,1	3,9	2,9	5,4	0,74	670	3,3	23,3	641	0,96	9,3	380	560	42
Lama	3	86,6	3,9	3,2	5,6	0,8	705	3,5	22,2	675	1,01	9,5	390	570	41
Renntier	2	67,2	9,9	17,1	2,8	1,49	2180	4,6	17,8	2070	3,1	12,7	520	760	68
Hund	46	77,0	9,7	9,3	3,1	0,91	1455	2,7	27,0	1382	2,08	12,8	524	770	76
Schwein	8	84,0	7,2	4,6	3,1	1,05	898	2,0	33,3	853	1,28	10,3	422	620	70
Elefant	2	68,1	3,5	20,6	7,2	0,65	2368	17,2	5,5	2258	3,4	10,7	439	640	33

Der kalorische Gehalt ist bei Mensch, Kuh, Lama, Kamel und Ziege ähnlich; darunter liegt Maultier, Esel und Stute; einen bedeutend höheren Gehalt haben Schwein, Schaf, Büffel, Hund, Renntier und Elefant. Auf den ersten Blick erscheinen die Unterschiede so groß, daß eine Zusammenfassung schwer möglich erscheint, hat doch die Stutenmilch nur 440, die Elefantenmilch dagegen 2368 Calorien.

Worauf beruht nun diese Verschiedenheit? Das wird aus der nächsten Rubrik ersichtlich, in welche die Summe von Eiweiß und Milchzucker in jeder einzelnen Milchgattung gezogen ist. Diese Summe ist, für die Milchgattungen, die für unsere Ernährung in Betracht kommen, eine ganz einheitliche:

Die Milch von Frau, Kuh, Ziege, Stute, Esel und Maultier ergibt eine Summe des Prozentgehaltes von Eiweiß plus Milchzucker, die nur zwischen 8,0 und 8,4% schwankt; das bedeutet, mit der Rubnerschen Standardzahl von 4,1 multipliziert, einen kalorischen Wert zwischen 328 und 344 Calorien.

Eine etwas höhere Summe zeigen Schaf, Büffel, Kamel und Lama (9,3 bis 9,5%); darüber hinaus gehen Schwein (10,3), Elefant (10,7), Renntier (12,7), und als höchstes finden wir die Hundemilch mit einer Summe von 12,8%.

Die nächste Rubrik zeigt das Verhältnis, in welchem sich Eiweiß und Milchzucker zu diesen Summen ergänzen: Eiweißzahl dividiert durch die Summe.

Hier ergibt sich eine Reihenfolge, die ungefähr der Wachstumsgeschwindigkeit der betreffenden Tiergattung entspricht: je langsamer das Wachstum, desto weniger Eiweiß, desto mehr Milchzucker; je rascheres Wachstum, einen desto größeren Teil nimmt die stickstoffhaltige Substanz in Anspruch.

Den geringsten Eiweißanteil zeigen: Mensch (23% Eiweiß), Esel (23), Stute (26), Elefant (33; die Zahl der Untersuchungen beträgt hier nur 2, und zwar aus den ersten Säugungstagen).

Mittleren Eiweißgehalt weisen auf: Kuh 41, Lama 41, Kamel 42, Ziege 45, Büffel 49, Schaf 55.

Und einen hohen Eiweißgehalt: Renntier 68 (nur 2 Untersuchungen), Schwein 70, Hund 76.

Da der kalorische Wert von Eiweiß und Milchzucker in den in unserer Ernährung gebräuchlichen Milchgattungen (1—6) so gut wie gleich ist, ist der Gesamtwert an Calorien nur von dem verschiedenen Fettgehalte abhängig, und wir sind imstande, durch die einfache Bestimmung des Fettgehaltes den gesamten kalorischen Wert mit ziemlicher Genauigkeit anzugeben.

Für die beiden Milchgattungen, die wir hauptsächlich benützen, für die Frauenmilch und die Kuhmilch, ist der durchschnittliche Fettgehalt gleich; er beträgt 3,7% und bedingt ungefähr die Hälfte des gesamten kalorischen Wertes; die andere Hälfte entstammt dem Eiweiß und dem Milchzucker.

Milch mit einem zu niedrigen Fettgehalte wird durch Zuckerzusatz auf die richtigen Brennwerte gebracht; und umgekehrt wird die Milch, die einen zu hohen Fettgehalt aufweist, durch Wasserzusatz korrigiert (Tab. 2). Die Fettbestimmung geschieht mittels des Gerberschen Butyrometers.

Korrektur der Milch auf den Wert von 1000 n in 1000 g.

Gefundener Fettgehalt	Zuckerzusatz in g pro Liter Milch	Gefundener Fettgehalt	Wasserzusatz in g pro Liter Milch
2,5	27	3,8	15
2,6	25	3,9	30
2,7	23	4,0	40
2,8	21	4,1	50
2,9	18	4,2	70
3,0	16	4,3	80
3,1	14	4,4	90
3,2	11	4,5	110
3,3	9	4,6	120
3,4	7	4,7	140
3,5	5	4,8	150
3,6	2	4,9	160
3,7	0	5,0	180

Bewertung der einzelnen Nahrungsmittel.

Die vorläufige Grundlage für die physiologische Bewertung ist in der Tabelle auf S. 17—19 enthalten. Ihre Zahlen sind folgendermaßen gewonnen: *König* hat alle chemischen Analysen, die von jedem einzelnen Nahrungsmittel von verläßlichen Autoren gemacht worden sind, gesammelt und daraus Durchschnittszahlen gezogen, die er „Rohnährstoffe“ nennt. Dann hat er unter Berücksichtigung der verhältnismäßig wenigen Versuche, die in der Literatur über Ausnutzung der Nährstoffe vorliegen, daraus den ausnutzbaren Teil der chemischen Prozentsätze berechnet. Aus diesen „ausnutzbaren Nährstoffen“ hat er durch Multiplikation mit den Faktoren 9,3 für Fett, 4,834 für Stickstoffsubstanz und 4,0 für stickstofffreie Extraktstoffe die „reinen Calorien“ erhalten. Diese reinen Calorien multipliziere ich wieder mit 1,5, um den vorläufigen Nemwert des betreffenden Nahrungsmittels anzusetzen.

In der Tabelle sind die wichtigsten Nahrungsmittel, die in der mitteleuropäischen Küche verwendet werden, in 8 *Gruppen* eingeteilt. Zunächst, als Ausgangspunkt der Berechnung, kommt die *Milch* und die aus ihr gewonnenen Produkte, Magermilch, kondensierte Milch und Käse.

In die zweite Gruppe, die *Fette*, gehört die Butter, dann die tierischen und pflanzlichen Fette und Öle. Die *Eier* folgen als dritte Gruppe, dann das tierische Muskelfleisch samt den aus Fleisch gewonnenen Konserven. In der Gruppe V finden wir die Nebenprodukte der Schlachtung: *Würste* und innere Organe, in der Gruppe VI die gebräuchlichsten *Fische*. Gruppe VII enthält die *Cerealien*, in der Form, wie sie in der Küche Verwendung finden, und das Brot. Gruppe VIII sind die Gemüse und Früchte; ihnen schließt sich der Zucker an.

In bezug auf die Genauigkeit der Berechnung, die Konstanz des Wertes, steht der wasserfreie Zucker obenan: er enthält 6 n pro 1 g; fast ebenso konstant sind die Werte der wasserfreien Fette und Öle der Gruppe II mit 13,3 n pro 1 g, während die wasserhaltige Butter etwas niedriger liegt. Die trockenen Cerealien der Gruppe VII variieren ebenfalls nur wenig, ihr Wert liegt bei 5 n pro 1 g, während die Linsen, Bohnen und Erbsen nur 4 n wert sind. Das Brot erleidet durch den verschiedenen Wassergehalt und durch die verschiedene Ausnutzbarkeit schon starke Schwankungen.

Sehr beträchtliche Verschiedenheiten weisen die Gemüse der Gruppe IX auf; es ist zu bemerken, daß hier die rohen Gemüse verzeichnet sind, ohne Zubereitung. In der Küche werden sie durch Zugaben von Fett bedeutend in diesem Werte verändert. Beim Sauerkraut z. B. ist in der hier üblichen Zubereitung die Nemzahl des Fettes viel beträchtlicher als die Nemzahl der ursprünglichen Substanz.

Am meisten Variationen finden wir in den Gruppen IV bis VI, weil je nach dem Fettgehalt des Muskels und seiner Umgebung das Fleisch sehr verschiedene Werte aufweist. Ähnliche Unterschiede zeigt der Käse (Gruppe I). Bei unserer Kostordnung kommen die Fehler dieser Gruppen nicht so sehr in Betracht, weil Fleisch und Käse nicht die Hauptbestandteile der Nahrung bilden, sondern hauptsächlich als Eiweißträger gegeben werden. In bezug auf das Eiweiß sind die Werte viel gleichmäßiger, worauf ich später zurückkommen werde. (S. 44.)

Bei jedem der Nahrungsmittel sind in der ersten Rubrik der Tabelle die Nemzahlen eingetragen, welche aus den Königschen Durchschnittswerten berechnet sind. In der zweiten Rubrik sind die abgerundeten Werte angegeben, deren man sich für die Praxis bedienen kann. Eine Abrundung ist erlaubt, da von einer vollkommenen Genauigkeit ohnehin nicht die Rede sein kann: der Durchschnittswert der ersten Rubrik ist ja bei den meisten Substanzen aus einer Zahl von beträchtlich verschiedenen Einzelbestimmungen auch nur als eine mittlere, mehr oder weniger willkürliche Zahl genommen.

Die dritte Rubrik endlich enthält die Zahlen, welche bei der Ernährung des einzelnen Menschen zur Anwendung gelangen; sie zeigen an, wieviel Gramm der betreffenden Substanz den Wert von 100 g Milch, von einem Hektonem repräsentieren.

Bewertung der wichtigsten Nahrungsmittel.

Gruppe	Nahrungsmittel	in einem g sind enthalten Nem: Durchschnittswert	in einem g sind enthalten Nem: abgerundeter Wert	ein Hektonem wiegt g (abgerundet)
I. Milch und Käse	Frauenmilch	1,02	1,0	100
	Kuhmilch (Vollmilch)	1,00		
	„ (Magermilch, zentrifugiert)	0,57	0,5	200
	„ kondensiert mit Zucker	5,01	5,0	20
	„ „ ohne Zucker	3,10	3,3	30
	Käse, fett	5,89	5,0	20
	„ halbfett	5,35		
	„ mager	4,33		
II. Fette	Butter	11,4	11,8	8,5
	Margarine	11,8		
	Rindstalg	13,1	13,3	7,5
	Schweineschmalz	13,27		
	Öl (Rüb- oder Baumöl)	13,25		
III. Ei	Eier	2,48	2,5	40
IV. Fleisch	Gänsefleisch, sehr fett	7,07	5,0	20
	Schinken, geräuchert	6,5		
	Schweinefleisch, fett	5,9		
	Zunge, geräuchert	5,85		
	Gänsebrust	5,79		
	Hammelfleisch, sehr fett	4,90		
	Rindfleisch, sehr fett	4,54		
	Rindfleisch, geräuchert	3,86		
	Zunge, frisch	3,43		
	Büchsenfleisch	3,14	2,5	40
	Gulasch in Büchsen	3,05		
	Herz	2,41		
	Rindfleisch, mittelfett	2,4		
	Kalbfleisch, fett	2,3		
	Schweinefleisch, mager	2,24	2,0	50
	Hühnerfleisch, mittelfett	2,06		
	Hammelfleisch, mittelfett	1,94		
	Pferdefleisch	1,94		
	Rindfleisch, mager	1,82		
	Wildfleisch	1,71		
	Kalbfleisch, mager	1,66		
V. Nebenprodukte der Schlachtung	Speck	10,13	10,0	10
	Grieben (Grammeln)	7,0	6,7	15
	Cervelatwurst	7,7		
	Met- oder Knackwurst	6,7		
	Frankfurter Wurst	6,25		
	Leberwurst	5,94		

(Fortsetzung.)

Gruppe	Nahrungsmittel	in einem g sind enthalten Nem: Durchschnittswert	abgerundeter Wert	ein Hektonem wiegt g (abgerundet)
V. Nebenprodukte der Schlachtung	Blutwurst	3,74	4,0	25
	Leber	1,81	2,0	50
	Niere	1,76		
	Lunge	1,3	1,25	80
	Blut	1,3		
VI. Fische	Hecht, frisch	1,37	1,25	80
	Schellfisch, frisch	1,23		
	Seezunge, frisch	1,13		
	Karpfen, frisch	2,46	2,5	40
	Lachs, geräuchert	3,2	3,3	30
	Häring, mariniert	3,52		
	Sprotten, geräuchert	3,65		
VII. Mehl und Backwaaren	Weizenmehl, fein	5,13	5,0	20
	Reis	5,13		
	Hafermehl	5,13		
	Stärkemehl	5,05		
	Maismehl	5,04		
	Hülsenfrüchtemehl	4,94		
	Gerstengrieß	4,90		
	Roggenmehl	4,74		
	Weizenmehl, grob	4,74		
	Trockene Teigwaren (Makkaroni)	5,11		
	Zwieback	4,2-5,7		
	Weizenbrot, fein (Semmel)	3,98	4,0	25
	„ grob	3,35	3,3	30
	Roggenbrot, grau	3,26		
	„ Kommißbrot	3,2		
	„ schwarz	2,92	3,0	33
VIII. Gemüse, Früchte und Zucker	Kartoffeln	1,33	1,25	80
	Weintrauben	1,08	1,0	100
	Gartenerbsen, grün	0,95		
	Birnen, Zwetschken, Pflaumen	0,74	0,7	150
	Äpfel	0,71		
	Apfelsinen (Orangen)	0,70		
	Mohrrüben, klein (gelbe Rüben)	0,49	0,5	200
	Schnittbohnen, grün (Fisolen)	0,48		
	Spinat	0,41	0,4	250
	Rotkohl	0,4		
	Kohlrüben	0,4		
	Weißkohl	0,37		

(Fortsetzung.)

Gruppe	Nahrungsmittel	in einem g sind enthalten Nem: Durchschnittswert	abgerundeter Wert	ein Hektonem wiegt g (abgerundet)
VIII. Gemüse, Früchte und Zucker	Blumenkohl	0,37	0,4	250
	Sauerkraut	0,3	0,33	300
	Spargel	0,27	0,25	400
	Kopfsalat	0,2	0,2	500
	Linsen, trocken	4,08	4,0	25
	Bohnen, trocken	3,94		
	Erbsen, trocken	3,94		
	Äpfel, trocken	3,38	3,3	30
	Pflaumen, trocken	2,87		
	Dörrgemüse	2,8-4,8		
	Kakaopulver	7,2	6,0	17
	Schokolade	6,58		
	Rohr- oder Rübenzucker	5,97		
	Honig, Syrup	4,6-5,4	5,0	20
	Marmeladen	2,9-4,0	3,3	30
	Fruchtsäfte	0,6-0,9	0,7	150

Durchführung der Nemrechnung bei Säuglingen.

Die Berechnung der Nahrungsmengen im ersten Lebensjahre gestaltet sich nach dem Nemsystem äußerst einfach, da hier das hauptsächlichste Nahrungsmittel die Milch ist. Die Frauenmilch weicht wohl häufig in ihrem Fettgehalt, und damit auch in ihrem Brennwerte von den Durchschnittswerten stark ab; aber eine vollständige Genauigkeit ist bei meinem System gar nicht beabsichtigt. Sie konnte übrigens auch bei dem System der chemischen und der Calorienbestimmung nie erreicht werden, da man, um genau zu wissen, wieviel Brennstoff vom Säugling aufgenommen wird, jede einzelne Brustmahlzeit chemisch untersuchen müßte.

Bei der Kuhmilch wird auf meiner Klinik täglich der Fettgehalt bestimmt, um Verwässerung oder übermäßig hohen Fettgehalt auszuschließen und die Korrektur nach der Tabelle auf S. 15 ausgeführt. Ein Fettgehalt von 3,5 bis 3,9% fällt innerhalb der erlaubten Fehlergrenzen und wird nicht korrigiert.

Alle übrigen im ersten Lebensjahre verabreichten Flüssigkeiten und Breie werden in solcher Weise zubereitet, daß sie zur Milch in einfachen Beziehungen stehen:

Die Zuckerlösungen zur Verdünnung der Kuhmilch werden als Gleichnahrung zusammengemischt: 170 g Rohrzucker auf einen Liter Flüssigkeitsmenge mit Wasser aufgefüllt gibt eine Nährstoffflüssigkeit, welche den gleichen Brennwert hat wie ein Liter Milch („Rog").

In analoger Weise werden die Mehlaufschwemmungen behandelt. Hier kann man nur aus dem Nestlémehl direkt eine Gleichnahrung bereiten, bei den sonstigen Mehlen kann nicht so viel Mehl eingekocht werden, weil die stark quellende Stärke in solcher Konzentration eine pappige Konsistenz bedingt. Der restliche Brennwert wird deshalb durch Rohrzucker ergänzt: Reis-Gleichnahrung (Reg): 60 g Reismehl (300 n) und 117 g Rohrzucker (700 n) auf 1000 Flüssigkeit; ebenso Weizenmehl-Gleichnahrung (Weg): 60 g Weizenmehl, 117 g Rohrzucker auf 1000 Flüssigkeit.

Wir verwenden jetzt fast ausschließlich Rohrzucker- und Weizenmehl-Gleichnahrung, die wir dann mit Kuhmilch zu gleichen Teilen mischen, und Kuhrog (Kuhmilch-Rohrzucker-Gleichnahrung) bzw. Kuhweg benennen.

Von der Mitte des 1. Lebensjahres an wird Brei gegeben, und zwar Grießbrei, der nach folgendem Rezepte als Doppelnahrung zubereitet wird:

Kuhmilch	650 g	Nemwert	650 n
Weizengrieß	40 g	„	200 n
Rohrzucker	25 g	„	150 n
			1000 n

Diese Mischung, welche 1000 Nem enthält, wird auf einen halben Liter eingekocht und enthält dann in jedem Gramm 2 Nem.

Bei Verdauungsstörungen verwenden wir allein oder als Zusatz zur Milch einen dünnen Reis- oder Haferschleim. Die Zubereitung erfolgt als Fünftelnahrung:

Reis oder Hafermehl 40 g auf 1000 Flüssigkeit („Ref" bzw. „Haf").

Durchführung der Nemrechnung bei älteren Kindern.

Zur leichteren Berechnung der Nahrungsmengen älterer Kinder werden auch bei ihnen die meisten Nährflüssigkeiten als Gleichnahrung gegeben:

Kakao wird z. B. folgendermaßen bereitet:

Kakaopulver	17 g	100 n
Rohrzucker	68 g	400 n
Milch	500 g	500 n
mit Wasser auf	1000 g	1000 n

Als Beispiel, wie die Zuspeisen in die Nemrechnung in einfacher Weise übergeführt werden können, gebe ich die Küchenvorschriften des Allgemeinen Krankenhauses in Wien, die aber nur in Zeiten billigen Fettes zu befolgen sind. Hier war die Portionsgröße von 300 g durch die verwendeten Hohlmaße von $^{3}/_{10}$ Liter gegeben. Durch geringfügige Abänderungen der früheren Küchennormen richtete ich die Portionen so ein, daß in 300 g Speise entweder 600 oder 300 Nem enthalten sind. Die ersteren Zuspeisen enthalten somit 2 n in 1 g, sind also „Doppelnahrung", die letzteren sind gleichwertig mit Vollmilch, also „Gleichnahrung".

Portionen zu 6 Hektonem (Doppelnahrung).

pro Portion (0,3 l) (mit Wasser auf 300 g aufgefüllt):

Erbsen: 100 g Erbsen, 10 g Fett, 13 g Mehl.

Bohnen: 100 g Bohnen, 10 g Fett, 13 g Mehl.

Linsen: 100 g Linsen, 10 g Fett, 13 g Mehl.

Gemischter Salat: 100 g Bohnen, 100 g Kartoffel, 5,8 g Öl, 16,7 g Essig, 0,8 g Zwiebel, 0,2 g Pfeffer.

Spinat: 200 g Spinat, 26 g Fett, 34 g Mehl, 1 g Zwiebel.

Kohl: 200 g Kohl, 26 g Fett, 34 g Mehl, 1 g Zwiebel.

Sauerkraut: 200 g Sauerkraut, 27 g Fett, 36 g Mehl, 4 g Zwiebel.

Reis: 80 g Reis, 15 g Fett.

Eingebrannte Kartoffel: 200 g Kartoffel, 17 g Fett, 22 g Mehl, 0,2 g Majoran.

Portionen zu 3 Hektonem (Gleichnahrung):

Kartoffelschmarren: 167 g Kartoffel, 6 g Fett.

Kartoffelbrei: 167 g Kartoffel, 3 g Fett, 33 g Milch.

Schinkenkartoffel: 167 g Kartoffel, 12 g Schinken, 1,7 g Zwiebel.

Milchspeise: Grieß 20 g, Zucker 8 g, Zimt 0,24 g, frische Vollmilch 150 g (oder ungezuckerte kondensierte Milch 50 g).

Alle übrigen Nahrungsmittel werden mittels der Wage in Anteile zu 100 Nem — einem Hektonem — abgeteilt, so daß 10 Anteile dem Wert von 1 Liter Milch entsprechen.

Die Bewertung geschieht bei den gebrauchsfertigen Nahrungsmitteln wie Butter, Zucker, Käse, Speck, Wurst, nach Tabelle S. 17—19.

Das Fleisch wird in meiner Klinik durchweg mit dem Wert des mittleren Fleisches als 2,5 n pro Gramm angenommen, also 40 g pro Hektonem. Beim Schinken wird das Fett abgeschnitten und mit 10 g pro Hektonem als Speck berechnet, das Schinkenfleisch mit 20 g pro Hektonem, Fische mit 67 g. Beim Ei wird ein Durchschnittsgewicht von 40 g (ohne Schale) angenommen und ein Ei als Hektonem gerechnet.

Leichte Mehlspeisen werden mit 30 g pro Hektonem, fette mit 40 g abgemessen, der Zucker mit 17 g.

Alkohol, dessen Bewertung noch nicht geklärt ist, wird bei uns zu Ernährungszwecken nicht gegeben.

Die Aufschreibung der genossenen Nahrungsmengen gestaltet sich nach dem Nemsystem sehr einfach: Es wird nicht das Gewicht der Nahrung notiert, sondern nur die Zahl der gegessenen Hektonem.

Außer der Nemmenge, die ja nur den Brennwert der Nahrung berücksichtigt, wird auch noch der Eiweißwert der Nahrung kontrolliert. Die Begründung dafür und die Art der Aufschreibung werde ich im nächsten Kapitel bringen.

Zusammenfassung:

Als Nahrungseinheit für klinische Zwecke schlage ich die Milch vor.

Die theoretische Grundlage für die Berechnung bildet eine Milch, von welcher bei der Oxydation im menschlichen Körper aus einem Gramm 667 kleine Calorien frei werden.

Der Nährwert von 1 g Milch heißt 1 **Nem** (**N**ahrungs-**E**inheit-**M**ilch oder **N**utritionis **E**lementu**m**).

Die metrischen Vielfachen sind das Hektonem (hn = 100 n), das Kilonem (kn = 1000 n) und das Tonnenem (tn = 1000 kn).

Für die praktische Ernährung im Einzelfalle werden die Nahrungsmittel so verabreicht, daß ihr Nahrungswert leicht zu bestimmen ist: Flüssigkeiten werden so zusammengesetzt, daß sie entweder mit der Milch gleichwertig sind, oder doppelt oder halb so viel wert sind als Milch. Feste Speisen werden in Portionen geteilt, welche den Wert von einem oder mehreren Hektonem enthalten.

Nahrungsbrennstoffe.

Bei der Zusammenfassung der Nahrungsmittel nach dem Milchwerte wurde zunächst nur der Brennwert berücksichtigt, die Energiemenge, welche bei der Oxydation im menschlichen Körper aus dem Nahrungsmittel gewonnen und physiologisch zur inneren und äußeren Arbeit, zum Wachstum, zur Sekretion von Milch usw. verwendet werden kann.

Als Brennstoffe können alle organischen Verbindungen dienen, die wir in der Nahrung aufnehmen, das sind, nach der üblichen chemischen Nomenklatur, Fette, Kohlenhydrate und stickstoffhaltige Substanzen. Fette und Kohlenhydrate sind prinzipiell nicht voneinander zu unterscheiden: beide sind stickstofffreie Reservesubstanzen, welche im Zellinnern aufgespeichert werden. Der tierische Organismus bevorzugt die Aufspeicherung in Form der konzentrierten Fettsäureester und gibt nur in der Milch ein Kohlenhydrat, den Milchzucker, ab; die Pflanze dagegen besorgt die Aufspeicherung wesentlich in Form von Stärke und ähnlichen Substanzen, nur in den Samen bedient sie sich in größerem Maße der konzentrierten Fettform.

Für die Ernährung des Menschen ist es ziemlich gleichgültig, ob er die Hauptmenge der Brennstoffe in Form von Fett oder von Kohlenhydraten in den Verdauungskanal aufnimmt. Der Säugling erhält wohl in der Milch etwa die Hälfte in der Fettform, er kann aber auch mit fettarmer Nahrung auskommen. Der Erwachsene zeigt in bezug auf den Fettgehalt der Nahrung die größten Verschiedenheiten, je nach den Landesprodukten und nach den Ernährungssitten. So beträgt beim armen Irländer, der sich vorwiegend von Kartoffeln nährt, und beim Japaner, der vorwiegend von Reis lebt, der Fettgehalt nur 4—5% der Totalmenge; englische Sportsleute dagegen nehmen bis zu 47% des Brennstoffes in Form von Fett zu sich. Die meisten Angaben über europäische Nahrung variieren zwischen 17 und 27%.

Je wohlhabender der Mensch in Europa ist, einen desto größern Anteil an seiner Nahrung bilden die tierischen Substanzen, und um so größer ist im allgemeinen der Anteil des Fettes; unsere arme Bevölkerung lebt von vorwiegend pflanzlicher Kost mit viel Kohlenhydraten. Wie der ewige Streit zwischen den Vegetariern und den Omnivoren beweist, ist ein gesundheitlicher Schaden einer der Diätformen nicht deutlich nachzuweisen.

In der Nahrung unserer vegetarischen Haustiere liegt — mit Ausnahme der säugenden Jungen — der Fettgehalt entsprechend der Pflanzenkost niedrig, zwischen 9 und 16%; volljährige Ochsen lassen sich mit 4% Fettgehalt ernähren. Und das Schwein, das in bezug auf seine Verdauungsfähigkeit viel Ähnlichkeit mit dem Menschen hat, setzt seinen Speck aus einer Nahrung an, an deren Brennstoff das Fett nur einen Anteil von 3—8% hat. Auch zur Bildung des Milchfettes brauchen die Kühe nicht mehr Fett als die Ochsen zur Arbeit. Die Fütterungsnormen Kellners liegen für Milchkühe sämtlich unter 15% Fett.

Ein Fettminimum existiert für die Haustiere nicht. Das Fett kann vollständig durch Kohlenhydrate ersetzt werden. Dies kann sogar schon zu einer Lebenszeit geschehen, wo die natürliche Ernährung, die Milch, einen reichlichen Fettgehalt darbieten würde: bei der Entwöhnung der Kälber wird vielfach saure Magermilch verwendet, der wohl gewöhnlich fettreiche Samen oder Kuchen (Leinsamen, Lein- oder Cocosnußkuchen), aber auch ebensogut Mehl oder Kleie zugesetzt werden.

Ich habe Versuche in dieser Richtung bei Säuglingen gemacht, indem ich an Stelle der gewöhnlichen Milchmischung eine vollkommen durch Zentrifugieren entfettete Magermilch gab, deren Brennstoffgehalt durch Rohrzuckerzusatz auf den normalen Milchwert gebracht worden war. Trotzdem die fettlose Kost plötzlich, ohne allmählichen Übergang, eingeschaltet wurde, konnte bei den Kindern kein Einfluß auf den Verlauf der Gewichtskurve, ja nicht einmal auf die Stuhlbildung festgestellt werden; ebensowenig beim Zurückgehen auf die gewöhnliche Nahrung. In einem Falle wurde sogar der Übergang auf die fettlose Diät nach Sahnefütterung gemacht, ohne daß sich irgendeine Störung zeigte:

A. Adele, 18 Mon., 9. 3. bis 28. 3. 1916 Vollmilch mit Rohrzuckerlösung.
Nährstoffe in der Mischung:
10% Eiweiß, 65% Zucker (15% Milchzucker, 50% Rohrzucker), 25% Fett.
25. 3. bis 30. 3. Sahne mit Wasser verdünnt.
Nährstoffe: 10% Eiweiß, 15% Milchzucker, 75% Fett.

31. 3. bis 15. 4. Magermilch mit Rohrzuckerlösung.
Nährstoffe: 20% Eiweiß, 80% Zucker (30% Milchzucker, 50% Rohrzucker), kein Fett.

18. bis 30. 4. Vollmilch mit Rohrzuckerlösung:
Nährstoffe: 10% Eiweiß, 65% Zucker, 25% Fett.
Der Übergang von 25% auf 75%, 0%, 25% Fett wurde anstandslos vertragen.

Es scheint also auch für den Menschen kein Fettminimum zu geben. Dies ist besonders in der heutigen Kriegszeit wichtig, wo wegen des Fettmangels allerlei Befürchtungen über den Einfluß der fettarmen Kost geäußert wurden: der Mensch geht nicht zugrunde, wenn auch das Butterbrot ohne Butter bleibt und wenn das Gemüse ohne Fett zubereitet wird. Es muß aber das fehlende Fett durch äquivalente, um mehr als das Doppelte größere Mengen von Kohlenhydraten ersetzt werden.

Entsprechend dem Fettgehalte schwankt auch der Kohlenhydratgehalt der Nahrung in weiten Grenzen, zwischen 40 und 80% in den gebräuchlichen Kostordnungen. Irgendeine allgemein gültige Regel sowohl in bezug auf die Menge als auch die Art des Kohlenhydrats läßt sich nicht aufstellen. Wie das frühere Beispiel (Periode 3) beweist, kann sogar ein einziges Kohlenhydrat, wie der Rohrzucker, 50% der Brennstoffmenge ausmachen.

Ganz anders verhält sich der dritte Hauptkörper, das Eiweiß. Als Brennstoff betrachtet, bildet er allerdings nur eine Ergänzung der stickstofffreien Produkte, und kann, von seinem Stickstoff befreit, sowohl als Fett aufgespeichert, als auch in Arbeit umgesetzt werden.

Das Eiweiß ist aber kein sparsamer Brennstoff: erstens kann der Stickstoff nicht verbrannt werden und nimmt sogar bei seinem Abgange im Harnstoff noch brennbare CH-Gruppen mit sich. Und zweitens scheint die Oxydation des Eiweißes Nebenprodukte zu bilden, die nicht in physiologisch nutzbare Arbeit umgesetzt werden können, sondern direkt als Wärme abgehen. Das ist für einen Organismus gleichgültig, der sich nur gegen Wärmeverluste zu schützen hat, also z. B. für einen untätigen nackten Körper in kaltem Medium; für den normal lebenden Menschen bedeutet aber das Heizen mit Eiweiß eine überflüssige Ausgabe. Man kann die Produktion der Nahrungswärme mittels Fett, Kohlenhydraten und Eiweiß mit dem Heizen einer Wohnung mittels Kohle, weichem Holz und hartem Bauholz vergleichen: Man wird Holz oder Kohle vorziehen, je nachdem, welche Substanz gerade billiger zu haben ist. Das Bauholz zu verheizen wird man sich aber hüten, wenn man nicht einen großen Überfluß davon hat.

Bei den Brennstoffen ist noch der Kohlenhydrate zu gedenken, die der Cellulose nahestehen. Sie haben einen hohen Brennwert, soweit sie von den Verdauungssäften angegriffen werden können. Dies ist bei den Wiederkäuern in weitem Maße der Fall, welche sich die Zeit nehmen, jeden Strohhalm so lange mit Zähnen und Magensäften zu bearbeiten, bis er ganz ausgelaugt ist; für den Menschen hat die Cellulose als Brennstoff nur geringen Wert.

Aber eine andere Bedeutung der Cellulose liegt gerade in der schweren Verdaulichkeit. Der Magendarmkanal der Wiederkäuer gewöhnt sich bald nach der Geburt an die Aufnahme von solchen schwerverdaulichen Substanzen und wird in seinen Funktionen verwirrt, wenn sie fehlen. Man darf bei den erwachsenen Wiederkäuern niemals den ganzen Brennstoff in Form leichtverdaulichen Futters geben, sonst versagt die Stuhlbildung und die Freßlust. Die Landwirte nehmen darum eine bestimmte „Rauhfuttermenge" als notwendig an. Das müssen wir auch bei der menschlichen Ernährung beherzigen. Beim Säugling bildet sich zwar der Stuhl aus einer cellulosefreien Nahrung, beim älteren Menschen wird jedoch die Stuhlbildung sehr gering, wenn nicht unverdauliche Anteile der Getreidekörner und Gemüse übrigbleiben. Die ideale Nahrung besteht nicht in leicht verdaulichen oder gar vorverdauten Stoffen, sondern in einer richtigen, der phylogenetischen Gewohnheit angepaßten Mischung, von leicht, schwerer und überhaupt unverdaulichen Substanzen („Rauhnahrung"). Es ist deshalb bei der gemischten Nahrung darauf zu sehen, daß Brot und Gemüse (Kartoffeln, Rüben, Salat, Obst) einen beträchtlichen Anteil bilden. So ist z. B. das Roggenbrot dem feinen Weizenbrot aus diesem Grunde vorzuziehen.

Verbrauch des Menschen an Nahrungsbrennstoff.

Wir wollen nun untersuchen, welche Menge von Brennstoffen der menschliche Organismus verbraucht, und wollen zunächst die in der Literatur niedergelegten, in chemischem oder physikalischem Maße gegebenen Zahlen in die Nemrechnung überführen, um einen ungefähren Überblick über den durchschnittlichen Brennstoffkonsum zu erhalten. In späteren Kapiteln wird dann der individuelle Bedarf auf einer neuen Grundlage und an der Hand eigener ausgedehnter Ernährungserfahrungen aufgebaut werden.

1. Verbrauch eines Landes.

Kuczynski und Zuntz haben den Verbrauch an Nahrungsmitteln in Deutschland berechnet, und zwar getrennt für Mensch und Vieh, für einheimische und importierte Nahrungsmittel. Ich habe ihre Zahlen in Nemrechnung übertragen und den Tagesverbrauch des Menschen pro Kopf bestimmt, indem ich die für das Jahr 1912/13 geltenden Gesamtzahlen durch die damalige Bevölkerungsziffer (66,8 Millionen) mal 365 Tage dividierte.

Es ist interessant zu sehen, wie luxuriös sich das deutsche Volk im Jahre vor dem Kriege nährte: die tierischen Nahrungsmittel (Fleisch und Milchprodukte) machten ein Drittel der Nahrung aus, und es wurde ebensoviel Nährwert an Schweinernem verzehrt als an Kartoffeln.

Pro Kopf und Tag verzehrte der Deutsche $^1/_2$ kn in Form von Kuhmilch, fast 1 kn insgesamt an Produkten des Rindes, 2 kn Getreidemehl, je $^1/_2$ kn Kartoffeln und Schweinernes, $^1/_4$ kn Zucker; nur je $^1/_{10}$ kn Obst, Hackfrüchte und Hülsenfrüchte.

Verbrauch an menschlicher Nahrung in Deutschland 1912/13, berechnet nach den Angaben von Kuczynski und Zuntz.

	Mill. Tonnen *) Nem pro Jahr	Nem pro Kopf und Tag
Rind: Fleisch und Fett	4,5	184
Milch, Rahm, Molke	12,4	507
Butter	5,2	213
Käse	1,5	62
(Summe der Produkte vom Rind)	(23,6)	(965)
Schwein: Fleisch und Fett	15,6	640
Getreidemehl	48,4	1980
Kartoffeln	15,5	635
Andere pflanzliche Produkte:		
Zucker	7,0	287
Obst und Südfrüchte	3,0	123
Pflanzliches Fett	2,5	102
Hackfrüchte und Gemüse	2,4	98
Hülsenfrüchte	2,0	82
Diverse:		
Reis	1,1	41
Eier	0,9	37
Fische	0,7	29
Fleisch von Schaf, Ziege, Pferd usw.	0,7	29
Fleisch von Geflügel und Wild	0,6	25
Kakao	0,4	16
Honig	0,1	4

*) Eine Million Tonnen Nem entspricht Milch in einem würfelförmigen Gefäße mit 100 m Seitenfläche, oder einem Gefäße von 1 qkm Grundfläche, auf dem die Milch 1 m hoch steht. (Unter der Annahme, daß das spezifische Gewicht der Milch gleich dem des Wassers wäre.)

Der Menge nach kommen zuerst die 48 Millionen tn aus dem Getreidemehl, dann die Produkte des Rindes mit 24 Mill. tn, Schwein und Kartoffel mit je 16 Mill. tn. Alle übrigen pflanzlichen Produkte und Diverse machen ohne den Alkohol nur 25 Mill. tn aus. Hierzu kommen noch 4251 Milliarden Calorien alkoholischer Getränke, die in ihrem physiologischen Milchwert noch nicht annähernd feststehen.

In Summa ergibt sich als Verbrauchsdurchschnitt in Deutschland pro Kopf und Tag 51 Hektonem, also der Wert von mehr als 5 Liter Milch.

2. Verbrauch von Städten.

Voit und Rubner hatten in ähnlicher Weise den Verbrauch in Calorien pro Kopf und Tag in mehreren Städten bestimmt, ich rechne ihre Befunde in Hektonem um (1000 Cal. = 15 hn).

	Cal.	hn
Rubner, Verbrauch in einer deutschen Stadt . .	2314	35
Voit, in Königsberg	2350	35
„ „ London	2696	40
„ „ Paris	2929	44
„ „ München	3036	46

Der mittlere Verbrauch pro Kopf schwankt, je nach der Wohlhabenheit und den Ernährungsgewohnheiten der Stadt, zwischen 35 und 46 hn.

Der Jahreskonsum pro Kopf kann in den Städten mit 4 kn × 365 = 1460 kn oder rund $1^1/_2$ Tonnen Nem angenommen werden.

3. Verbrauch in Familien.

Bei einer statistischen Erhebung über die Nahrungsmenge in Familien besteht die Schwierigkeit, daß sich je nach der Zahl der Kinder und besonders je nach dem Alter der Kinder der Verbrauch pro Kopf ganz wesentlich verschiebt. Bei einem ganzen Lande und in ganzen Städten ist der Prozentsatz der Kinder der verschiedenen Altersklassen ziemlich ähnlich, in der Einzelfamilie aber ganz different. Die Autoren haben, um diesen Fehler einigermaßen auszugleichen, die Nahrungsmenge nach der Kopfzahl der Erwachsenen bestimmt und zwei Kinder für einen Erwachsenen gelten lassen.

In dieser Gruppe 3 sowie in den folgenden Gruppen: Männer und Frauen, bestand dann ferner die Schwierigkeit, die nicht ganz gleichmäßigen Angaben der Autoren in die Nemrechnung überzuführen. Die Angaben lauten nur ausnahmsweise auf Reincalorien, sondern gewöhnlich auf Rohcalorien (oder verzehrte Calorien) oder auch auf eingekaufte Calorien. Ich bildete mir zunächst an den Angaben von Atwater die Verhältniszahlen für diese 3 Gattungen:

Da die Nemrechnung die ausgenützte Calorienzahl als Grundlage nimmt, habe ich die verzehrten und eingekauften Calorien durch die ausgenützten dividiert. Um 100 für die Ausnutzung verwendbare Calorien zu erhalten, wurden eingekauft bzw. verzehrt (Atwater b. König II, S. 390):

	um 100 ausgenützte Brennstoffeinheiten zu erhalten, wurden eingekauft	verzehrt
5 Studenten	122	104
9 Handwerkerfamilien	110	104
Privatspeisehaus	109	103
9 Farmerfamilien	108	104
9 Chemikerfamilien	107	104
Familie in Hartford	107	104
Schwed. Familie im März	106	104
„ „ „ November	106	103
Beamtenfamilie in Hartford	105	103
Durchschnitt	108,9	103,7

Aus der Menge der eingekauften Nahrungsstoffe ist also kein scharfer Schluß auf die ausgenützte Nahrung erlaubt, da die Abfälle zwischen 5 und 22% schwanken. Die Studenten vergeuden am meisten, die Beamten am wenigsten. Aber aus den verzehrten können wir gut auf die ausgenützten schließen, da die Differenz nur zwischen 3 und 4% schwankt. Wenn 66,7 Reincalorien gleich 100 Nem zu setzen sind, sind 100 Reincalorien oder 103,7 verzehrte Calorien gleich 150 Nem; oder aber 100 verzehrte Calorien sind gleichzusetzen mit 145 Nem.

Wir können also „Rohcalorien“ bei gemischter menschlicher Nahrung dadurch in die Nemrechnung überführen, daß wir ihre Zahl mit 1,45 multiplizieren.

Eine völlige Exaktheit wird dadurch allerdings nicht erreicht, aber diese ist, wie bereits mehrfach betont, in der praktischen Ernährungslehre überhaupt nicht möglich.

In dieser Weise sind die zahlreichen, in den Werken von König (Chemie der Nahrungsmittel) und Vierordt (Daten und Tabellen) enthaltenen Befunde verschiedener Autoren in die Nemrechnung — und zwar in Hektonem — umgerechnet.

Verbrauch in Familien pro erwachsene Person, wobei zwei Kinder als eine erwachsene Person gezählt sind:

	Cal.	hn
Manfredi, Kleine Leute in Neapel	2312	34
Rademann, Zwei Arbeiterfamilien in Frankfurt	2424	35
Meinert, Mittel von 11 deutschen Arbeiterfamilien	2608	38
Rechenberg, Weber in Sachsen	2710	39
Erisman, Zentralrußland	2920	42
Böhm, Arbeiter in Lucken	2941	43
Atwater, Familie in Hartford . . . . ausgenützt	3025	45
„ Beamtenfamilie in Hartford. „	3030	46
„ 9 Chemikerfamilien . . . . „	3303	50

			Cal.	hn
Atwater,	9 Farmerfamilien	ausgenützt	3305	50
„	9 Handwerkerfamilien	„	3295	50
„	Schwedische Familie im März	„	3365	50
„	„ „ „ Nov.	„	4160	62

In den Familien zeigt sich auf den ersten Blick eine bedeutend größere Verschiedenheit als in den Städte-Durchschnitten: besonders auffallend sind die hohen Nahrungsmengen der von Atwater untersuchten Familien aus Amerika, von denen alle Ziffern über 45 hn stammen.

Wenn man von dem übermäßig hohen Verbrauche von Atwaters schwedischer Familie im November (62 hn) absieht, ergibt sich für das Gros der in Amerika untersuchten Familien (28 Familien) der Durchschnitt von 50 hn, während die Familien in Europa ungefähr 40 hn verzehren. Stark unter das Mittel fallen die Neapolitaner mit 34 und die Rademannschen Arbeiterfamilien in Frankfurt mit 35.

Man kann sagen, daß für die Familienkost — in der zwei Kinder als eine Person gerechnet werden — bei sparsamer Gebarung 40 hn, bei reichlicher Darreichung 50 hn pro erwachsene Person und Tag gerechnet werden können.

Um diese Zahlen mit den früheren bei Land und Stadt zu vergleichen, müssen wir die Familien nach ihrer tatsächlichen Kopfzahl einschätzen. Nehmen wir einen Durchschnitt von 3 Kindern und 3 Erwachsenen pro Familie an, so haben wir 6 Köpfe statt $4^1/_2$ „erwachsenen Personen", und wir müssen deshalb die Rationen durch $6:4^1/_2$ oder 4:3 dividieren. Dann kommen wir auf Zahlen pro Kopf und Tag, die bedeutend niedriger liegen: die deutschen Familien brauchen etwa 30, die amerikanischen nahe an 40 pro Kopf und Tag.

Vergleichen wir nunmehr alle 3 Abteilungen nach dem Verbrauche pro Kopf: Das Deutsche Reich als Ganzes ergibt einen Verbrauch von 51 hn, die Städte zwischen 35 und 46, die einzelnen Familien zwischen 30 und 40 hn pro Kopf und Tag.

Je kleiner die beobachtete Gruppe, desto geringer erscheint der Verbrauch. Das dürfte daher kommen, daß bei der Kontrolle der Einzelfamilie nur die Nahrung angegeben wird, welche die Menschen selbst verzehren, während bei der Statistik einer Stadt die Nahrung von Hunden und Katzen, bei der ländlichen Statistik auch noch ein Teil der Schweinenahrung auf Rechnung des Menschen geführt wird.

4. Verbrauch der Männer.

Die sehr zahlreichen Angaben, welche in der Literatur über den Verbrauch von Männern, besonders von Arbeitern, niedergelegt sind, habe ich nach der Tagesmenge in mehrere Gruppen geteilt, um den Einfluß der Muskelarbeit auf den Tagesverbrauch deutlich hervortreten zu lassen.

a) Tageskonsum unter 40 hn.

	Cal.	hn
Flügge, Armer Arbeiter in Leipzig	1775	26
Tawara, Ladendiener in Japan	1898	28
Forstner, Pfründner	2189	32
Ranke, Selbstversuch (Universitätsprofessor)	2250	33
Finkler und Lichtenfeld, Beamte und Ärzte	2346	34
Meinert, Tischler in Leipzig	2366	34
Neumann, Selbstversuch durch 746 Tage (Arzt)	2367	34
Ranke, 2. Selbstversuch (Universitätsprofessor)	2373	34
Meinert, Apothekergehilfe in Leipzig	2392	35
Forster, Rechtsanwalt in München	2437	35
Ejkmann, Europäer in den Tropen (65,4 kg)	2470	36
„ Malaye in den Tropen (49,6 kg)	2512	37
Meinert, Maler in Leipzig	2521	37
Forster, 60jähriger Hausmeister	2571	37
„ Arbeiter in mäßiger Arbeit	2578	37
Meinert, Arme Arbeiter Schlesiens	2723	39

Diese Gruppe des geringsten Verbrauches enthält vorwiegend Männer ohne körperliche Arbeit (Universitätsprofessoren, Beamte, Ärzte) und arme Arbeiter.

b) Tageskonsum 40—45 hn.

	Cal.	hn
Payen, Englischer Arbeiter	2733	40
Meinert, Ländlicher Arbeiter bei Leipzig	2746	40
Hirschfeld, Arzt in Berlin (76 kg)	2757	40
Forster, Junger Arzt in München	2764	40
„ „ „ „ „	2890	42
Chittendon, Versuche mit amerikanischen Soldaten	2940	43
König, Durchschnitt der Gefängniskost	2959	43
Meinert, Armer Arbeiter	2977	43
König, Mittel der tatsächlichen Friedenskost der Soldaten	2983	43
Eykmann, Student in Japan	3019	44

In dieser Gruppe finden wir jüngere Leute der wohlhabenden, nicht körperlich arbeitenden Klassen, dann Soldaten und Gefangene, ferner einzelne Arbeiter ohne schwere Arbeit.

c) Tageskonsum 45—50 hn.

	Cal.	hn
Hirschfeld, Arbeiter in Berlin	3075	45
Wolff, Mann bei mittlerer Arbeit	3090	45

	Cal.	hn
Pettenkofer und Voit, Arbeiter bei mäßiger Arbeit	3091	45
Playfair, Gut ernährter Schneider in England .	3096	45
Königreich Bayern, Soldat in der Garnison . . .	3100	45
Raape, Arbeitsanstalt Dresden	3113	45
Richter, Gefängniskost	3139	46
Pettenkofer und Voit, Gut bezahlte Handwerker	3148	46
Moleschott, Mann bei mittlerer Arbeit	3200	46
König, Zimmerleute, Böttcher, Schlosser in Bayern (Mittel von 11 Personen).	3206	47
Forster, Dienstmann von 36 Jahren	3214	47
Sarin, Landmänner bei Moskau	3236	47
Forster, Schreiner von 40 Jahren	3242	47
Atwater, Fünf Studenten	3305	48
Hultgren und Landergren, Mittlerer schwedisch. Arbeiter (ohne Alkohol)	3322	48
Königreich Bayern, Soldat im Manöver	3396	49

In dieser größten Gruppe kommen die „Kopfarbeiter“ nicht mehr vor; die amerikanischen Studenten sind als Sportsleute aufzufassen. Die Gruppe betrifft durchwegs Männer mit mittelstarker körperlicher Arbeit.

d) Tageskonsum 50—55 hn.

	Cal.	hn
Payen, Französischer Arbeiter	3419	50
Richter, Zuchthauskost	3439	50
Playfair, Schwer arbeitender Weber in England.	3618	52
Königreich Bayern, Soldat im Kriege	3630	53
Pettenkofer und Voit, Arbeiter mit starker Arbeit	3678	53
Erismann, Russischer Fabrikarbeiter	3708	54

Hier treffen wir schon schwere Arbeit, neben den theoretischen Kostmassen des bayerischen Soldaten im Kriege und des Zuchthaussträflings, welch letzteres sich wahrscheinlich nach der Anzahl der wirklich verdauten Calorien viel niedriger stellen würde, als es nach der Berechnung aus den Rohcalorien erscheint.

e) Tageskonsum 55—65 hn.

	Cal.	hn
Atwater und Bryant, Ruderer	3756	55
Finkler und Lichtenfelt, Sportsleute	3980	58
Liebig, Brauknechte bei schwerster Arbeit . . .	3993	58
Lichtenfelt, Sportsleute	4111	60
Playfair, Schwer arbeitender Grobschmied in England	4179	61
Steinheil, Bergleute bei schwerer Arbeit	4240	61
Atwater, Arbeiter im Adirondackgebirge	4335	63
Schmid, Wolgafischer	4369	63
König, Brauknechte (Mittel von 5 Personen) . .	4407	64

f) Tageskonsum über 65 hn.

	Cal.	hn
Hultgren und Landergren, Angestrengter schwedischer Arbeiter (ohne Alkohol)	4545	66
Ranke, Italienischer Ziegelarbeiter in München	4605	67
Payen, Nordischer Arbeiter	4811	70
Ranke, Bauernknecht	4848	70
Ohlmüller, Siebenbürgischer Feldarbeiter	5217	76
Atwater und Bryant, Fußballspieler	5927	86
Liebig, Bayrischer Waldarbeiter	6091	88

Die zwei letzten Gruppen enthalten nur mehr schwerste Arbeit oder intensivsten Sport, sowie harte Arbeit im Freien in kalten Gegenden. Die beiden höchsten Angaben der Literatur habe ich in die Aufzählung nicht aufgenommen. Sie stammen von Atwater (Grobschmiede und Ziegelarbeiter 6905 und 8850 Cal.) und betreffen die eingekaufte Nahrungsmenge, von der vielleicht nur ein viel geringerer Teil verzehrt wurde, als man nach Tabelle S. 29 erwarten konnte.

Übersicht der Angaben über den Tageskonsum der Männer:

	Tageskonsum in Hektonem:				
	unter 40	40—45	45—50	50—55	über 55
Keine körperliche Arbeit	**10**	3	—	—	—
Leichte Arbeit	4	3	2	—	—
Mittlere Arbeit	2	4	**14**	3	—
Schwere Arbeit	—	—	—	3	**16**

Wir können zusammenfassend sagen: Ohne körperliche Arbeit verzehren Männer etwa 35 hn im Tage. Bei mittlerer Arbeit beträgt der Konsum meistens um 45, bei schwerer Arbeit mehr als 55 hn im Tage. Nur wenige Schwerarbeiter nehmen mehr als 75 hn im Tage zu sich.

5. Verbrauch der Frauen.

a) Tageskonsum unter 30 hn.

	Cal.	hn
Meinert, Näherin in Leipzig	1663	24
Playfair, Näherin in London	1699	25
Forster, Pfründnerinnen ohne Zulage	1743	25
„ „ mit Zulage	1895	27
Meyer, Pfründnerin in Berlin	1906	28
Forster, 30jährige Arbeiterin von 60,8 kg	1917	28
Meinert, Zigarrenarbeiterin in Leipzig	1948	28
Hirschfeld, Wohlhabende Frau in Berlin	1960	28

b) Tageskonsum 30—35 hn.

	Cal.	hn
Meinert, Papierarbeiterin in Leipzig	2064	30
Hirschfeld, 2. Wohlhabende Frau in Berlin . .	2259	33
„ Ärmere Frau in Berlin	2267	33

c) Tageskonsum über 35 hn.

	Cal.	hn
Meinert, Strohflechterin in Leipzig	2626	38
Sarin, Landfrauen bei Moskau	2637	38
Meinert, Buchdruckereimädchen in Leipzig . . .	2691	39
Erismann, Frauen und Knaben der Fabrikarbeiter in Zentralrußland	2896	42
Schmidt, Frauen der Wolgafischer	2909	42

Bezüglich der Frauen stehen uns viel weniger Angaben zu Gebote als bezüglich der Männer. Frauen mit intensiver körperlicher Arbeit sind nicht unter den Angaben vorhanden. Die drei Gruppen lassen sich nach der Arbeit einteilen in:

	Tageskonsum		
	unter 30	30—35	über 35 hn
Frauen ohne körperliche Arbeit oder mit sitzender Beschäftigung	6	1	—
leichte körperliche Arbeit	2	2	—
mittlere Arbeit	—	—	5

Wir können immerhin aus den wenigen Zahlen den Schluß ziehen, daß der Bedarf der Frauen etwa um 10 Hektonem geringer ist als der der Männer bei gleicher Beschäftigung.

6. Verbrauch der Kinder.

Der Bedarf des Kindes variiert nach der Größe des Kindes so stark, daß wir ihn auf Grundlage einer allgemeinen Statistik nicht ermessen können. Er wird in den späteren Kapiteln über Einzelernährung ausführlich auf Grund eigenen Materiales untersucht werden.

Die Befunde von Emil Müller, Schütz, Hasse, Uffelmann, Lungwitz, Herbst, F. Müller, Camerer, Stargardter, Schwarz, Rubner, sind von F. Schütz*) in übersichtlicher Weise zusammengefaßt worden: Ich füge die Übersetzung der Calorienmenge in das Nemsystem bei (1000 Cal. = 15 hn).

*) F. Schütz-Königsberg, Über das Ernährungsbudget. Zeitschr. f. Hyg. u. Infektionskrankheiten. Bd. 83, 1916.

Alter Jahre	Anzahl der Kinder	Gewicht kg	Energie-quotient	Tägliche Kalorien	hn
2—3	11	12,0	94	1130	17
3—4	12	13,2	96,8	1280	19
4—5	13	15,2	94,9	1440	22
5—6	18	17,1	91,1	1558	23
6—7	12	17,6	93,5	1645	25
7—8	7	21,1	88,6	1870	28
8—9	20	21,5	83,1	1785	27
9—10	12	25,0	80,7	2020	30
10—11	18	28,1	74,0	2080	31
11—12	18	29,0	72,4	2090	31
12—13	10	35,5	61,5	2235	33
13—14	8	36,3	63,1	2290	34
14—15	6	38,0	59,7	2270	34

Zusammenfassung:

Was wir aus der allgemeinen Statistik lernen können, ist eine ungefähre Veranschlagung des Nahrungsbrennstoffes, den wir einer größeren Kopfzahl reichen müssen:

Männer sind bei mittlerer körperlicher Arbeit mit 45 hn pro Kopf und Tag zu berechnen. Der mittlere Verbrauch einer in normaler Weise zusammengesetzten städtischen Bevölkerung kann mit 40 hn pro Kopf und Tag veranschlagt werden.

Nahrungsbaustoffe.

Die Zelle des tierischen Organismus besteht im wesentlichen aus vier Teilen: dem Kerne, dem Protoplasma, den Einschlüssen des Protoplasmas und der Hülle. Der Kern enthält vorwiegend Eiweiß, das Protoplasma ist eine dünne Salzlösung mit etwas Eiweiß, die Einschlüsse bestehen entweder aus Eiweiß (bei der Muskelsubstanz), oder aus Fett, die Hüllen und Stützgewebe aus Eiweiß und Kalksalzen. Zum Aufbau brauchen wir also, wenn wir von dem als Reservesubstanz fungierenden Fett absehen, vornehmlich Eiweiß, Wasser und Salze. Auch der ausgewachsene Organismus ersetzt fortwährend seinen Bau: die Haut schilfert sich ab, Haare und Nägel werden gebildet, der Kern aller Zellen wird immer wieder erneuert, und auch die Salze und das Wasser werden ausgewechselt.

Ein langsam fließender Bach von Baustoffen: Wasser, Eiweiß und Salzen ist also auch für den Erwachsenen notwendig und muß in der Nahrung mit eingeführt werden.

Während wir große Reserven in der Form von Fett anlegen können, findet in unserem Organismus keine wesentliche Aufspeicherung von Baustoffen statt. Wenn in der Nahrung zu viel eingeliefert wird, fließt der Überfluß im Stuhl und Urin wieder ab. Fehlt der Zustrom, so schränkt der Organismus den Aufbau ein — das Kind hört auf zu wachsen — dann wird zuerst den Säften und dann den Organen Baumaterial entnommen, und nach einiger Zeit werden auch die Zellfunktionen lahmgelegt.

Wir brauchen also die Baustoffe erstens zum Aufbau des wachsenden Körpers, zweitens zum regelmäßigen Ersatz der ganzen körperlichen Struktur. In dritter Linie benötigen wir die Baustoffe, und vornehmlich die Eiweißsubstanzen, zur Herstellung jener Sekrete, mittels welcher wir die Nahrung verdauen, assimilieren und die unbrauchbaren Teile wieder abgeben.

Der Bedarf an Baustoffen hängt deshalb nicht allein von der absoluten Größe des Tierkörpers ab, sondern auch von der Intensität der Funktionen, die von ihm geleistet werden. Es ist unrichtig, von einer bestimmten Baustoffmenge zu sprechen, die der Organismus pro Tag nötig hat, wenn man nicht auch seine Funktionen berücksichtigt. Die Funktion der Muskelarbeit z. B. wird zwar, wie von den Physiologen nachgewiesen wurde, von Brennstoffen allein bestritten. Um aber dauernd eine große Muskelarbeit zu leisten, müssen mehr Brennstoffe aufgenommen werden: die erhöhte Brennstoffaufnahme erfordert eine erhöhte Herstellung von Verdauungssekreten, und diese müssen wieder durch Zugabe von Baustoffen gebildet werden.

Die Erhöhung der Nahrungsaufnahme zum Zwecke der Arbeit ist besonders bei Pferd und Rind eine sehr beträchtliche: sie erreicht das Dreifache der Erhaltungskost, und zwar nicht bloß in ihren Brennstoffen. Die Baustoffmenge wird bei der Ernährung des Arbeitsviehs gewöhnlich sogar noch in einem stärkeren Verhältnisse erhöht als die Brennstoffmenge (Kellners Fütterungs-Normen).

Bei der Ernährung der landwirtschaftlichen Nutztiere ist gerade der Punkt des Erlahmens der Verdauensfunktionen durch ungenügende Zufuhr von Baustoffen viel studiert worden.

Kellner sagt darüber (S. 53): „Führt man irgendeiner Säugetiergattung ein Futter zu, welches arm an Stickstoffsubstanz*)“, „dagegen reich an Stärkemehl ist und auf einen Teil verdaulichen Rohproteins mehr als 12—15 Teile verdauliche Kohlenhydrate enthält, so geht in der Regel Stärkemehl unverdaut in den Kot über; vermehrt man in solchem Futter die stickstoffhaltigen Stoffe darauf so weit, daß etwa nur 8—10 Teile Kohlenhydrat auf 1 Teil Stickstoffsubstanz entfallen, oder, wie man sich auszudrücken pflegt, das Nährstoffverhältnis sich auf 1 : 8 bis 10 stellt, so verschwindet das Stärkemehl vollständig aus dem Kot. Beobachtungen dieser Art sind zuerst von Haubner bei Schafen gemacht worden, bei denen der reichliche Stärkeabgang im Kot nach Fütterung von 2,5 kg Kartoffeln durch eine Zulage von Rapskuchen vollständig zum Verschwinden gebracht wurde. Henneberg und Stohmann bestätigten dies in Versuchen mit Ochsen, und zahlreiche weitere Untersuchungen behoben jeden Zweifel an dieser sehr wichtigen Tatsache. Daß sich dieser verdauungsbefördernde Einfluß der Stickstoffsubstanzen weiter auf die Rohfaser erstreckt, ließ sich zuerst an einem Versuche des Verfassers (Kellners) schließen, in welchem 150 g Fischmehl zu einem aus Luzerneheu und Haferschrot bestehenden Futter zugelegt und dabei ohne Fischmehl 118, mit demselben 138 g Rohfaser der vegetabilischen Futterstoffe verdaut

*) Die Anwesenheit von Stickstoff ist das Anzeichen der Verwendungsfähigkeit als Baustoff.

wurden." Kellner empfiehlt deshalb, bei Wiederkäuern nicht unter ein Nährstoffverhältnis von 1 : 8 (11% Eiweißnem) herabzugehen, während man bei Schweinen mit etwas weniger Eiweiß auskommt.

Welche Menge von Baustoffen hat der menschliche Organismus notwendig? Und wie wird die nötige Baustoffmenge innegehalten? In bezug auf den bedeutendsten Baustoff, das Wasser, besitzen wir einen empfindlichen Indicator, das Durstgefühl, das uns angibt, wann die Gewebe Wasser brauchen. Wenn die Möglichkeit gegeben ist, dem Durstgefühle nachzukommen, so ist eine Regelung der Wasserzufuhr nahezu ebenso überflüssig, wie eine Regelung der Sauerstoffaufnahme in der Atmung.

Die Salze werden in unsern gebräuchlichen Kostformen wahrscheinlich in genügendem Maße aufgenommen; in bezug auf das Kochsalz besteht, wie beim Wasser, ein intensives Hungergefühl, wenn seine Zufuhr unterlassen wird. Ob wir dagegen instinktiv immer genügend Kalksalze aufnehmen, ist eine Frage. Ich erinnere an die schönen Arbeiten von Röse, der nachwies, daß in den Orten mit kalkarmem Wasser — besonders in den Industriestädten, für deren Wasserleitungen ein besonders weiches Wasser beansprucht wird, um den Kesselstein zu vermeiden — die Zahncaries einen ungleich größern Prozentsatz ausmacht, als in den Orten mit kalkhaltigem Wasser. Schon an der durchschnittlichen Farbe der Zähne — gelb bei kalkreichem, grau bei kalkarmem Wasser — will Röse den Kalkgehalt des Wassers erkennen.

Die Frage der genügenden Zufuhr von Kalksalzen verdient noch ein eingehendes Studium: die Vorschläge der Vegetarier, die Gemüse nicht beim Kochen auszulaugen oder das Kochwasser wieder zu verwenden, ferner die Kleie beim Getreidemehl zu lassen, sind jedenfalls beachtenswert.

Am wichtigsten scheint mir in der heutigen Zeit, bei der Teuerung der tierischen Nahrungsmittel, die richtige Beurteilung der genügenden Eiweißmenge. Auch diese Frage ist noch weit von einer definitiven Klärung entfernt. Es handelt sich nicht um den Bedarf von Stickstoff als solchem (niedere stickstoffhaltige Verbindungen vermögen keinen Ersatz zu geben), sondern es sind bestimmte Körpergruppen, die wir in einer Kombination übernehmen müssen, die von Tier oder Pflanze vorgebildet ist. Für gewisse Funktionen, besonders für das kindliche Wachstum, verlangt der menschliche Körper sogar nach Verbindungen, die nicht einmal durch Kochen oder andere kleine chemische Eingriffe, wie Pökeln, verändert sein dürfen, und reagiert mit schweren Störungen — Skorbut, Barlowscher Krankheit — auf den anhaltenden Mangel an diesen Nahrungsstoffen. Ob sie eine eigene Gruppe für sich bilden („Vitamine"), sei dahingestellt.

Wie für Fett und Kohlenhydrate wollen wir zur Erforschung der nötigen Eiweißmenge zunächst wieder den statistischen Weg gehen und untersuchen, welche Eiweißmengen Mensch und Tier in den verschiedenen Altersstufen und Ländern in ihrer Nahrung aufnehmen.

Mit Rücksicht darauf, daß der Eiweißbedarf mit der gesteigerten Funktion des Organismus ansteigt, mache ich aber hier keine Statistik der pro Kopf aufgenommenen Menge, sondern halte es für einfacher, nur das Nährstoffverhältnis statistisch festzustellen.

Unter Nährstoffverhältnis versteht man das Verhältnis der Menge des aufgenommenen Eiweißes zur Menge der Gesamtnahrung. Das einfache Verhältnis des Gewichtes der stickstoffhaltigen zur stickstofffreien Trockensubstanz gibt uns ein falsches Bild, weil das Fett als Brennstoff mehr als doppelt so konzentriert ist als die Kohlenhydrate. Es muß also die Fettzahl mit dem Faktor 2,25 multipliziert werden; Eiweiß : Eiweiß + Kohlenhydrate + Fett × 2,25; oder wir nehmen das Verhältnis des Nemwertes der 3 Substanzen 6 : 6 : 13,5 als Grundlage. Der Prozentsatz an Eiweiß, wie ich ihn anführe, berechnet sich aus % Stickstoff × 6,25 (bei der Milch × 6,37) × 6 dividiert durch dieselbe Zahl + % Kohlenhydrate × 6 + % Fett × 13,5.

Die folgende Zusammenstellung zeigt das Nährstoffverhältnis bei der Ernährung der Menschen und der Haustiere. (Tabelle auf S. 40, 41.)

Zunächst vergleichen wir die Milch der verschiedenen Tiere. Die Elefantenmilch hat den geringsten Eiweißgehalt: Hier gibt das Eiweiß nur $5^1/_2$% der gesamten in der Milch vorhandenen Nahrungswärme. (Allerdings beruht diese Angabe nur auf zwei Analysen von Elefantenmilch.) Dann folgt die Frauenmilch mit etwas über 10%. Die Rinder und Pferdearten bewegen sich zwischen 14 und 20%: dann folgen Ziege und Schaf mit 20—22%; Kamel und Lama mit 22—24%. Schwein, Hund und Kaninchen haben einen Eiweißgehalt bis 34,5%.

Während hier also eine sehr große Verschiedenheit herrscht, die nach Bunge mit der Schnelligkeit des Wachstums der verschiedenen Tierspezies erklärt wird — je schneller das Wachstum, desto mehr Baustoff führt die Milch —, sind die Fütterungsnormen für die heranwachsenden Haustiere (Kellner) schon etwas einheitlicher. Sie bewegen sich zwischen 10 und 24% Eiweiß. Am höchsten stehen die Kälber und die Lämmer, die zur Mast vorbereitet werden, in den ersten Lebensmonaten.

Ähnliche Zahlenproben ergeben sich aus einigen Angaben von König und Camerer über die Nahrung der Kinder. Ich habe absichtlich in dieser Rubrik wenig Daten zusammengetragen, weil wir wissen, wie willkürlich unsere Kinderernährung ist. Die von der Landwirtschaft erprobten Zahlen haben für mich einen größeren Wert, denn dort handelt es sich um ein schnell zu überblickendes und in Geld umzusetzendes Wachstum; bei der Kinderernährung stehen wir noch teils in der Theorie, teils in der groben Empirie. Während z. B. bei Camerer Kinder bis 24% Eiweiß genießen, haben die 32 Kinder aus den Müllerschen Stoffwechselversuchen sich mit 12—16% Eiweiß begnügt. Hindhede wirft aller-

Eiweißgehalt der tierischen

	Prozent Eiweiß in der Gesamtnahrung: Unter 10 %	10–12 %	12–14 %	14–16 %
1. Erste Lebenszeit (Milch) (Königs Analysen)	5,5 Elefant	Mensch 10		Zebu Esel
2. Wachsende Haustiere (Kellners Normen)		Schweine z. Zucht 6 bis 12 Mon.	Lämmer z. Wolle 15 bis 20 Mon. Schweine z. Zucht 5 bis 6 Mon. Schweine z. Mast 5 bis 12 Mon.	Lämmer z. Wolle 11 bis 15 Mon. Lämmer z. Mast 15 bis 20 Mon. Schweine z. Zucht 3 bis 5 Mon. Schweine z. Mast 3 bis 5 Mon.
3. Der wachsende Mensch (verschiedene Beobachtungen)		Säuglinge bei Frauenmilch	Müller, 16 Kinder 2 bis 7 Jahr.	König, Kinder 6–18 J. Müller, 16 Kinder 2 bis 7 Jahr. Förster, 4–5 Mon. (kondens. M.) Förster, $1\frac{1}{2}$ Jahr (gemischte Nahrung) Voit, Frankf. Waisenh. 6–15 J.
4. Erwachsene Haustiere (Kellners Normen)		Ochsen, Erhaltungsfutter Erwachsene Mastrinder „ Mastschafe „ Mastschweine	Ochsen, Erhaltungsfutter Milchkühe Schafe, Erhaltungsfutter Arbeitspferde	Arbeitsochsen Milchkühe
5. Der erwachsene Mensch (verschiedene Beobachtungen)	Meinert, Buchdruckereimädchen 9,7 Hindhede, Gewöhnliche Kost 9,8 Chittenden, Versuch mit amerik. Soldaten 8,1—9,5 Rubner, absolutes Minimum („Abnutzungsquote") 5 b. 6%	Rechenberg, Handweber Smith, Irländer Liebig, Italiener „ Holzarbeiter Ranke, Bauernknecht Meinert, 11 Familien Rademann, Arbeiter-Familien Hirschfeld, Ärmere Frau Tawara, Japan. Student „ Japan. Ladendiener Meinert, Armer schles. Arbeiter Meinert, Arme Arbeiter „ Landarbeiter „ Apotheker „ Zigarrenarbeiterin „ Strohflechterin „ Tischler „ Arbeiter-Familie	Meinert, Ländl. Arbeiter Scheube, Japan. Off. Schreiber Ranke, Vegetarier Lichtenfelt, Arbeiter-Menage Forster, Rechtsanwalt Steinheil, Bergleute Hirschfeld, Arbeiter Playfair, Näherin Manfredi, Arme Neapolitaner Ohlmüller, Siebenbürgische Arbeiter Voit, Mittl. Verbrauch München Voit, Mittl. Verbrauch Paris Meinert, Näherin „ Buchbinderin „ Papierarbeiterin „ Maler „ Arbeiter	Voit, Mönch Scheube, Japan. Krankenw. Böhm, Arme Familie Meinert, Arme Arbeiter „ Tischler Lichtenfelt, Deutsche Infanterie Lichtenfelt, Arbeiter-Menage Ranke, Landarbeiter Steinheil, Bergmann Atwater, Ruderer Juniors Atwater, Fußballspieler Pettenkofer, Mäßige Arbeit Pettenkofer, Starke Arbeit König, Handwerker „ Brauknecht Hirschfeld, Wohlh. Frau Ranke, Ital. Ziegelarbeiter Erismann, Russ. Fabrikarbeiter Erismann, Russ. Familienkost Rubner, Mittl. Verbr. einer Stadt Voit, Mittl. Verbr. Königsberg Voit, Mittl. Verbr. London Meinert, Berliner Volksküche

und menschlichen Nahrung.

Prozent Eiweiß in der Gesamtnahrung:

16–18 %	18–20 %	20–22 %	22–24 %	Über 24 %
Büffel Renntier	Kuh Stute Maultier	Ziege Schaf	Kamel Lama	27,0 Hund 33,3 Schwein 34,5 Kaninchen
Kälber z. Milch 18 bis 24 Mon. Kälber z. Mast 18 bis 24 Mon. Lämmer z. Wolle 8 bis 11 Mon. Lämmer z. Mast 11 bis 15 Mon. Lämmer, Mast selbst 9–11 Mon.	Kälber z. Milch, 2 bis 20 Mon. Lämmer z. Wolle 5 bis 8 Mon. Lämmer z. Mast 8 bis 11 Mon. Lämmer z. Mast 7 bis 9 Mon. Schweine z. Zucht 2 bis 3 Mon. Schweine z. Mast 2 bis 3 Mon.	Kälber z. Mast 3 bis 18 Mon. Lämmer z. Mast 6 bis 7 Mon.	Kälber z. Mast, 2 bis 3 Mon. Lämmer z. Mast, 5 bis 8 Mon.	
König, Kinder $1\frac{1}{2}$–6 J.	Camerer, Mädchen 2–4, 8–10, 15–18 J. Camerer, Knaben 5–6, 7–10, 15–18 J.	Camerer, Knaben 11 bis 14 J. Hildesheim, Kinder 6 bis 10 J. Simler, Schweiz. Kinder bis 15 J. Voit, Münchn. Waisen 6–15 J.	Camerer, Mädchen 14 Mon.	
Milchkühe 15 l Milch	Milchkühe 20 l Milch			
Kellan, Volk in Japan Lichtenfelt, Arbeiter-Menage Lichtenfelt, Deutsche Infanterie Lichtenfelt, Deutsche Kavallerie Lichtenfelt, Unteroffiziere Ranke, Schwed. Arb. Atwater, Ruderer Jun. Moleschott, Mittl. Arb. Wolff, „ „ Forster, Dienstmann „ Junger Arzt König, Professor Raape, Arbeitsanstalt Hirschfeld, Arzt „ Wohlh. Frau Payen, Franz. Arbeiter Sarin, Rum. Landleute Meinert, Arbeitsfrau	Scheube, Japanischer Student Forster, Tischlergeselle „ Arbeiter, München Hultgreen, Schwedischer Arbeiter Hultgreen, Schwedischer Arbeiter Beneke, Professor Atwater, Ruderer Yale „ „ „ „ „ Harward „ „ „ Pettenkofer, Gutbezahlte Handwerker Forster, Junger Arzt	Scheube, Japan. Student Playfair, Schneider „ Weber „ Schmied Liebig, Brauknechte Forster, Beamter Ranke, Professor Payen, Englischer Arbeiter Payen, Nordischer Arbeiter	Voit, 3 Mechaniker Forster, Ärzte	27,9 Schmidt, Fischerfrauen auf d. Wolga 32,1 Schmidt, Fischer auf der Wolga

dings auch den Kellnerschen Normen eine ähnliche Entstehung aus der unmotivierten Sitte vor: bei den hohen Eiweißzahlen, die Kellner für Kühe und Jungvieh anführt, habe ich selbst den Eindruck, daß hier aus Vorsicht überflüssig hohe Zahlen angegeben sind, nur um ja nicht für eine Entwickelungsstörung des Tieres verantwortlich gemacht zu werden.

Beim Menschen schwankt der Eiweißanteil im Verhältnis zur Gesamtnahrung in engen Grenzen: während beim Fett 4—50%, bei den Kohlenhydraten 40—85% als Grenzwerte resultieren, liegen fast sämtliche Eiweißzahlen zwischen 9 und 22%.

Die meisten Angaben über die Kost Erwachsener liegen zwischen 15 und 17%; bei der armen städtischen Bevölkerung, deren Ernährung keine ideale genannt werden kann, finden wir geringere Werte, die um 13% liegen. Extreme Werte ergeben sich bei Kindern des ersten Lebensjahres, je nachdem sie mit Frauenmilch oder mit Kuhmilch genährt werden: 10—20%.

Aus allen diesen Angaben kann man schließen, daß ein Eiweißgehalt der menschlichen Nahrung über 20% und unter 10% unphysiologisch ist. Ich nehme diese beiden Zahlen als Grenzwerte an.

Besonders die untere erlaubte Grenze der Eiweißzufuhr war der Gegenstand von vielen Arbeiten und Kontroversen, auf die ich hier nicht näher eingehen will. Die meisten Autoren haben die Stickstoffbilanz im Stoffwechselversuch zur Bestimmung der dem Körper notwendigen Eiweißmenge herangezogen. Im Gegensatze zu früheren Befunden haben die Stoffwechselversuche von Hindhede und von Chittenden bewiesen, daß das Stickstoffgleichgewicht auch bei einer sehr geringen Einfuhr von verdaulichem Eiweiß aufrechterhalten werden kann.

Von den Versuchsreihen, die Hindhede (Berliner klin. Wochenschr. 1916, Nr. 17ff.) anführt, und die das Minimum an Eiweiß feststellen sollen, erscheinen mir allerdings die meisten nicht glücklich gewählt, weil trotz einer schönen Stickstoffbilanz und trotz genügender calorischer Zufuhr das Gewicht der Versuchsperson abnahm: ich vermute, daß es sich hier um eine unvollständige Ausnutzung der Brennstoffe wegen ungenügender Bildung von Verdauungssekreten gehandelt hat.

Besonders der Selbstversuch Hindhedes (S. 449) deutet auf diese Erklärung: In den Perioden 16—19 hatte er starken Gewichtsverlust bei geringer Stickstoffunterbilanz und einer Calorienaufnahme von 2578 netto Calorien pro Tag; in der darauffolgenden Periode mit gewöhnlicher Kost, die nur wenig mehr Energie (2810 Cal.), aber mehr Eiweiß als früher enthielt, nahm Hindhede rapide zu. Interessant ist, daß er „nach dem Übergang von der Kartoffelkost einen Wolfshunger fühlte". Das muß ein spezifischer Eiweißhunger gewesen sein, da ja auch in den Vorperioden das Brennstoffbedürfnis und das Bedürfnis nach Füllung des Magens reichlich gedeckt waren. —

Was an Hindhedes Ergebnissen zu begrüßen ist, ist nicht das Extrem, sondern die mittlere Kost, die er mit seiner Familie jahrelang erprobt hat, und die, wie aus dem Beispiele seiner Periode 20 zu ersehen ist, auf 2610 Nettocalorien 10,34 g N netto enthält, also auf 3915 Nem ungefähr 388 Nem in Eiweißform; mithin einen Eiweißgehalt von ungefähr 10%. Hindhede hat praktisch gezeigt, daß die hohe, aus der Statistik genommene Eiweißnorm der älteren Autoren nicht eingehalten zu werden braucht. Seine Diätprinzipien sind außerordentlich vernünftig, da sie sich von extremen Theorien freihalten und mit der Anforderung der Beschaffung nationalökonomisch billiger Nahrungsmittel zusammenfallen.

Bis zu der reinen Kartoffelkost werden wir ihm nicht folgen — er hat sie ja selbst nur als Extrem ausprobiert — denn das bedeutet wahrscheinlich, wie bei den Wiederkäuern, eine mangelhafte Ausnützung der Kohlenhydrate. Ich vermute, daß bei den extremen Diätformen, die wir in der Statistik kennengelernt haben: bei dem Irländer von Smith, der nur Kartoffeln ißt, bei dem Buchdruckereimädchen von Meinert usw., auch solche Verluste die Erklärung dafür geben, daß bei denselben Personen die Calorienzahlen der aufgenommenen Substanzen unverhältnismäßig hoch sind.

Praktische Kontrolle des Nahrungseiweißes.

Bei der praktischen Ernährung haben wir einerseits darauf zu sehen, daß das teure Eiweiß nicht in überflüssig großer Menge gegeben wird, wodurch es nicht als Baustoff, sondern nur als Brennstoff dient, und anderseits, daß nicht durch eine zu geringe Eiweißdarreichung die Funktionen des Körpers gestört werden.

Wir haben die praktische Ernährung so einzurichten, daß das Eiweiß nicht weniger als 10% und nicht mehr als 20% der Gesamtnahrung ausmacht. Wenn wir, wie jetzt im Kriege, mit dem Eiweiß sparen müssen, trachten wir, die Norm von 10% nicht wesentlich zu überschreiten.

Die Kontrolle geschieht dadurch, daß der Eiweißgehalt jedes Nahrungsmittels in seinem Verhältnis zum Brennwerte, also das prozentische Verhältnis der aus Eiweiß stammenden Nem zum Gesamtwerte in Nem berücksichtigt wird.

In der folgenden Tabelle (S. 44, 45) sind alle Nahrungsmittel, die wir früher nach ihrem Brennstoffgehalt berechnet und in Portionen zu 100 Nem geteilt haben, in ihrem Eiweißgehalte zusammengestellt.

Die Rubrik 1 enthält die Anzahl von Grammen an ausnutzbarem Eiweiß (aufgenommenes Eiweiß weniger dem im Stuhle ausgeschiedenem Anteile) nach den Berechnungen von König (Durchschnittszahl

		Ausnutzbares Eiweiß g in 100 g	Eiweiß-n in 100 g	wiegt g	Hektonem enthält Eiweiß g	Nem	Dekanem
I. Milch u. Käse	Frauenmilch	1,7	10	100	1,7	12	1
	Kuhmilch, voll	3,2	19		3,2	19	2
	„ mager zentrif.	3,2	19	200	6,4	38	4
	„ kondens. m. Zuck.	9,5	57	20	1,9	11	1
	„ ohne Zucker	10,5	63	30	3,2	19	2
	Käse, fett	24,4	146		4,9	29	3
	„ halbfett	27,4	164	20	5,5	33	
	„ mager	33,5	200		6,7	40	4
II. Fette	Butter und Fett						0
III. Ei	Vogeleier	12,2	73	40	4,9	29	3
	Fischeier	28,5	171	25	7,0	43	4
IV. Fleisch	Rind, geräuchert	26,2	157		5,2	31	
	Zunge, geräuchert	23,8	142		4,8	29	
	Schinken, geräuchert	23,8	142		4,8	29	3
	Gänsebrust, geräuchert	20,8	125		4,2	25	
	Rindfleisch, sehr fett	17,4	104	20	3,5	21	
	Hammelfleisch, sehr fett	15,8	95		3,2	19	
	Gänsefleisch, sehr fett	15,8	95		3,2	19	2
	Zunge, frisch	15,5	93		3,1	19	
	Schweinefleisch, fett	14,1	85		2,8	18	
	Rindfleisch, mittelfett	19,4	116		7,8	47	
	Kalbfleisch, fett	19,0	114		7,6	46	
	Büchsenfleisch	18,9	113	40	7,6	45	4
	Gulasch in Büchsen	18,4	110		7,4	44	
	Herz	15,6	94		6,2	38	
	Pferdefleisch	20,8	125		10,4	62	
	Wildfleisch	20,8	125		10,4	62	
	Hühnerfleisch	20,4	121		10,2	61	
	Rindfleisch, mager	19,9	120	50	10,0	60	6
	Kalbfleisch, mager	19,6	118		9,8	59	
	Schweinefleisch, mager	19,5	117		9,8	59	
V. Nebenprodukte des Fleisches	Grieben (Grammeln)	51,8	310	15	7,8	46	4
	Speck, gesalzen	8,1	49	10	0,8	5	½
	Zervelatwurst	23,3	140		3,5	21	2
	Mett- oder Knackwurst	18,4	110	15	2,8	17	
	Frankfurter Wurst	15,6	94		2,3	14	
	Leberwurst	14,4	86		2,2	13	1
	Blutwurst	10,4	62	25	2,6	16	
	Leber	17,8	105	50	8,9	53	5
	Niere	16,3	98		8,2	49	
	Lunge	13,5	81	80	10,8	65	
	Blut	17,5	105		11,0	84	7
VI. Fische	Hecht	17,9	106	80	14,3	86	

(Fortsetzung.)

		Ausnutzbares Eiweiß g in 100 g	Eiweiß-n in 100 g	wiegt g	Hektonem enthält Eiweiß g	Nem	Dekanem
VI. Fische	Schellfisch	16,4	98	80	13	79	7
	Seezunge	14,6	88		12	70	
	Karpfen	18,5	111	40	7	44	
	Lachs, geräuchert	23,6	142	30	7	43	4
	Sprotten	22,3	133		7	40	
VII. Mehl und Backwaren	Hülsenfrüchtemehl	20,0	120		4	24	2
	Getreidemehl u. Teigwaren	8,0—10,0	54	20	1,8	11	1
	Reis	6,4	38		1,3	7,7	
	Stärkemehl	0,5	3		0,1	0,6	0
	Weizenbrot, fein	5,7	35	25	1,4	8,6	
	„ grob	6,1	37		1,8	11	
	Roggenbrot, grau	4,1	25	30	1,2	7,4	1
	„ Kommiß-	4,3	26		1,3	7,8	
	„ schwarz	4,4	26	33	1,5	8,7	
VIII. Gemüse, Früchte, Zucker	Kartoffeln	1,5	9	80	1,2	7,2	½
	Gartenerbsen, grüne	4,5	27		4,5	27	2
	Weintrauben	0,5	3	100	0,5	3	
	Zuckerrüben	1,0	6		1	6	
	Birnen	0,3	2		0,5	3	½
	Zwetschken, Pflaumen	0,6	4	150	0,9	5	
	Äpfel	0,5	3		0,8	5	
	Apfelsinen	0,8	5		1,2	7	
	Mohrrüben, klein	0,7	4	200	1,4	8	1
	Schnittbohnen, grün	1,9	11		3,3	23	2
	Spinat	2,4	14		6,0	36	3
	Blumenkohl	1,8	11		4,5	27	
	Rotkohl	1,3	8	250	3,3	20	2
	Weisskohl	1,3	8		3,3	20	
	Kohlrüben	0,7	4		1,8	11	1
	Sauerkraut	1,0	6	300	3,0	18	
	Spargel	1,5	9	400	6,0	36	
	Tomaten	0,7	4		4	17	
	Kopfsalat	1,0	6	500	5,0	30	2
	Gurken	0,8	5		4	25	
	Linsen, trocken	18,2	109		4,5	27	
	Bohnen „	16,8	100	25	4,2	25	
	Erbsen „	16,4	98		4,1	25	
	Äpfel „	1,6	10	30	0,5	3	½
	Pflaumen „	1,8	11		0,5	3	
	Dörrgemüse	Hülsenfrüchte, Spargel, Salat					2
		Kohl, Kraut und Rüben					1
		Kartoffel und Obst					½
	Zucker, Honig, Sirup, Marmelade, Gelee, Fruchtsäfte						0

der chemischen Analyse multipliziert mit dem Ausnützungskoeffizienten). Die Rubrik 2 ist die Transformation dieser Grammzahl in den Nem-Wert. (1 g ausnutzbares Eiweiß wird mit einem Brennwert von 6,15 Nem angenommen.) Die Rubrik 3 bringt die Hektonemgrößen, welche wir in der vorigen Tabelle für 100 n ausgewählt haben. Die Rubrik 4 gibt die Anzahl von Grammen verdaulichen Eiweißes an, die in einer Hektonem-Portion enthalten sind. (Rubrik 1 $\times$ Rubrik 3 dividiert durch 100.) Nun wird, in der Rubrik 5, angegeben, wieviel Eiweiß-Nem in einem Hektonem enthalten sind.

Z. B. beim Ei: 100 g Ei enthalten 12,2 g Eiweiß oder 73 Eiweiß-Nem. Ein Hektonem besteht aus 40 g, enthält also $\frac{73}{100} \cdot 40 = 29$ Eiweiß-Nem.

Die Rubrik 6 bringt das Verhältnis des Eiweißgehaltes zu dem der Muttermilch. Ich nehme als Grundlage diejenige Menge verdaulichen Eiweißes, die in einem Hektonem Frauenmilch enthalten ist; das entspricht der Menge von 10 Nem oder einem Dekanem Eiweiß auf 100 Nem Gesamtnahrungswert.

Die Rubrik 6 ist aus Rubrik 5 berechnet, indem je 10 Nem Eiweiß der Rubrik 5 als Einheit angenommen sind. Bei dem tierischen Eiweiß ist eine einfache Abrundung erfolgt (z. B. wird 38 n Eiweiß auf 100 n bei Magermilch mit 4 Dekanem übersetzt); bei den Pflanzen, insbesondere bei den Gemüsen, ist die Abrundung nach unten erfolgt, weil nicht der ganze dort nachgewiesene Stickstoff echtes Eiweiß anzeigt. Ebenso ist auch bei den fetten Würsten der Eiweißgehalt nur mit einem Dekanem angenommen, um bei der sehr wechselnden Zusammensetzung dieser Produkte sicher zu gehen.

Zusammenfassung der Tabelle:

Von den in der Küche verwendeten Nahrungsmitteln haben keinen oder keinen nennenswerten Eiweißgehalt:

Fette, Öle, Butter, Stärkemehl und Zucker.

Halbwertig sind jene Nährstoffe, bei denen in einem Hektonem ungefähr 5 Eiweiß-Nem enthalten sind:

Speck, Kartoffeln, Obst, Zuckerrüben.

Einwertig sind die Nahrungsmittel, welche der Frauenmilch entsprechen, also in 100 n etwa 10 Eiweiß-Nem oder ein Dekanem enthalten:

Frauenmilch, Rüben; Kuhmilch, wenn sie bei der Kondensation mit Zucker versetzt wird, ferner alle trockenen Mehl- und Teigwaren, endlich fette Würste.

Doppelwertig (ungefähr 2 Dekanem Eiweiß enthaltend) sind:

Volle Kuhmilch (frisch oder ohne Zucker kondensiert); frisches, sehr fettes Fleisch; Fleischwürste, ferner Hülsenfrüchte, Kohl, Kraut, Salat, Gurken, Tomaten.

Dreiwertig:

Fetter und halbfetter Käse, Eier, geräuchertes Fleisch und Spinat.

Vierwertig:

Zentrifugierte Magermilch, mittelfettes Fleisch, Fischeier, magerer Käse und die fetteren Fische.

Fünfwertig:

Leber und Niere.

Sechswertig:

Alles magere Fleisch.

Siebenwertig:

Lunge, Blut und magerer Fisch.

Die Gemüsespeisen, welche unter Zusatz von Fett und Mehl gekocht werden, haben in der Art, wie sie in unserem Krankenhause zubereitet werden (S. 21), folgenden Gehalt an Eiweiß im Verhältnis zur Frauenmilch:

Hülsenfrüchte: doppelwertig, Spinat: einwertig;

Reis, Kohl, Kraut, Kartoffeln: halbwertig.

Zusammenfassung.

Außer dem Brennwert der Nahrung ist noch ihr Gehalt an Baustoffen: an Wasser, Salzen, Eiweiß und Vitaminen und an Rauhnahrung von Wichtigkeit. In der praktischen Ernährung kontrollieren wir nur den Eiweißgehalt, indem wir feststellen, wie viel Prozente der Nahrungsenergie auf Eiweiß entfallen.

Es sollen in der menschlichen Ernährung nicht weniger als 10% und nicht mehr als höchstens 20% der gesamten Nem-Menge aus Eiweiß bestehen. Ein geringerer Gehalt als 10% kann die Verdauung und das Wachstum gefährden, ein größerer Gehalt ist überflüssig.

Die Nahrung soll also pro Hektonem mindestens 1, höchstens 2 Dekanem Eiweiß enthalten.

Sitzhöhe und Körpergewicht.

Seit längerer Zeit beschäftigte ich mich mit der Frage des Körpergewichtes der Kinder: Wie kann man bei der klinischen Untersuchung objektiv feststellen, ob ein Kind eine seiner Größe, also seinem Skelett entsprechende Menge von Muskel und Fett besitzt? In einer früheren Arbeit versuchte ich eine empirische Lösung dieser Frage, indem ich die von Camerer angegebenen mittleren Gewichte der verschiedenen Lebensalter mit der mittleren Länge verglich und daraus berechnete, welches Gewicht jeder bestimmten Länge durchschnittlich entspricht.

Das danach konstruierte Meßband habe ich seither in der klinischen und in der Sprechstundenpraxis viel benützt und dabei den Mangel empfunden, daß die Camererschen Gewichte, besonders bei den Knaben im Alter von 2—6 Jahren viel höher sind, als wir sie gewöhnlich in der Praxis finden. Ich ging deshalb daran, meine Meßschemen auf eine breitere Basis zu stützen und ein großes Material aus eigenen Messungen und aus der Literatur zu sammeln. Dabei kam ich zu anthropometrischen Studien des Wachstums überhaupt und der Beziehungen zwischen dem Wachstum des Skelettes und der Organe. Beim Studium der Verhältnisse von Herz, Pulsdauer und Körpergewicht entdeckte ich zufällig, daß eine bisher wenig beachtete Abmessung, die Sitzhöhe, in sehr nahem Verhältnisse zur dritten Wurzel aus dem Körpergewichte steht.

Maße und Nomenklatur.

Bei den anthropometrischen Messungen bediene ich mich folgender Maße und folgender Nomenklatur:

Sitzhöhe, Si, Scheitelhöhe bis Sitzfläche.
Standhöhe, Sta, Scheitelhöhe bis Standfläche.
Beinhöhe, Be, Standhöhe weniger Sitzhöhe.
Ellenlänge, Le, Ellenbogen bis äußerste Fingerspitze.

Fußlänge, Fe, Ferse bis zur Spitze der ersten Zehe.
Armumfang, Au, Umfang knapp ober dem Ellbogengelenke.
Schenkelumfang, Su, Umfang knapp ober dem Kniegelenke.
Brustumfang, Bru, mittlerer Umfang in der Höhe des Schwertfortsatzes.
Kopfumfang, Ku, größter Umfang um Stirne und Hinterhaupt.
Kopflänge, Ke, Stirne bis Hinterhaupt.
Kopfbreite, Kei, größte Kopfbreite.
Gewicht, Gi, Körpergewicht ohne Kleider (Nettogewicht).

Für die Bezeichnungen von Verhältniszahlen, welche Beziehungen zwischen diesen Maßen ausdrücken, wird für das einfache Verhältnis, die Division eines Maßes durch das andere, die Silbe du (durch) eingeschaltet. Z. B. das Verhältnis von Beinhöhe zu Sitzhöhe wird genannt: Beinhöhe (Be) dividiert durch (du) Sitzhöhe (Si): Bedusi.

Für die Erhebung eines Körpermaßes zum Quadrat wird die Silbe **qua** angehängt; für den Kubus **ku**; das Ziehen einer Wurzel ist durch **l** (Linieren) ausgedrückt, und zwar bedeutet **lei** die zweite und **li** die dritte Wurzel. Z. B. Gewicht linear, Gili, ist soviel wie die dritte Wurzel aus dem Körpergewicht. Staku ist der Kubus der Standhöhe.

Das Verhältnis Länge^3: Gewicht, das ich in meiner früheren Arbeit verwendete, findet z. B. den Ausdruck Standhöhe (Sta), kubisch (ku) durch (du), Gewicht (Gi), also Stakudugi.

In der vorliegenden Arbeit beschäftige ich mich vorwiegend mit dem Verhältnis der dritten Wurzel aus dem zehnfachen Gewichte zur Sitzhöhe. Für **G**ewicht, z**e**hnfach verwende ich den Ausdruck Ge. Der Name wird gebildet: Gewicht (G), zehnfach (e), linear (l), dritte Wurzel (i), dividiert durch (du), Sitzhöhe (si) und lautet Gelidusi.

Quadratische Maße können sowohl aus den linearen abgeleitet werden, als auch aus dem dreidimensionalen Volumen, das wir hier mit dem Gewichte identifizieren, indem wir im allgemeinen das spezifische Gewicht des menschlichen Gesamtkörpers als gleich dem des Wassers annehmen.

Als solche quadratische Maße werde ich, in späteren Kapiteln, das Quadrat der Sitzhöhe, Siqua (Sitzhöhe, quadratisch), Bruqua, das Quadrat des Brustumfanges und Geliqua, das Quadrat aus der dritten Wurzel des zehnfachen Gewichtes verwenden.

Die Sitzhöhe ist die Länge des sitzenden Rumpfes, von der Sitzfläche bis zur Scheitelhöhe. Sie wird in sehr einfacher Weise gemessen, indem man den Abstand der horizontalen Sitzunterlage von einer Fläche bestimmt, die horizontal auf den Kopf aufgelegt wird (Fig. 1).

Wer zuerst die Sitzhöhe als anthropometrisches Maß eingeführt hat, habe ich nicht ermittelt; sie ist jedenfalls schon ein altes Maß, denn Quetelet bedient sich ihrer und sie gehört zum Schema der anthropometrischen Untersuchung. Bei Kindern scheint sie von deutschen Autoren bisher keine Anwendung gefunden zu haben, während russische und amerikanische Autoren die Messung ausführten.

Ich unterscheide zwischen Standhöhe, Sitzhöhe und Beinhöhe. Die Standhöhe ist die Distanz zwischen dem Fußboden und dem Scheitel, die Beinhöhe die Differenz zwischen Standhöhe und Sitzhöhe. Die Beinhöhe ist nicht identisch mit der Beinlänge, die vom Fußboden bis zum Trochanter reicht. Ich habe die Messung der Beinlänge verlassen, weil sie sehr ungenau ist.

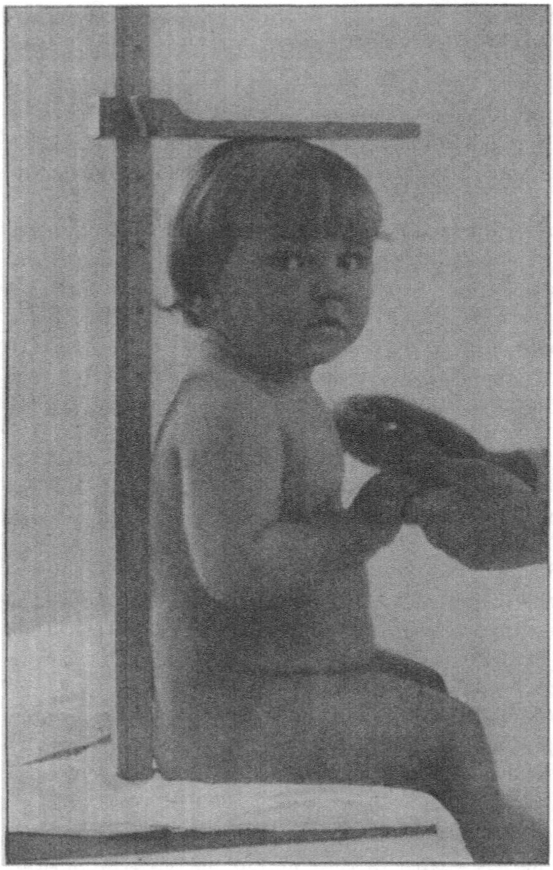

Fig. 1. Messung der Sitzhöhe.

Die Sitzhöhe ist wohl auch kein theoretisch exaktes Maß, denn sie ist von der Haltung der Wirbelsäule und von der Kompression der Zwischenwirbelkörper abhängig. Sie schwankt daher sowohl nach der Körperhaltung als auch nach den Tageszeiten. Aber dieser Vorwurf gilt auch der Standhöhe: jedes Maß, das nicht bloß einen starren Knochen betrifft, sondern Gelenke einbegreift, ist ja nicht mathematisch genau zu erheben.

Bei der Messung ist darauf zu sehen, daß das Kind so aufrecht als möglich sitzt. Die Fehlergrenzen betragen dann bei mäßiger Übung etwa 1 cm nach oben und unten. Kleine Säuglinge werden nicht in aufrechter Rumpfstellung gemessen, sondern auf eine horizontale Unterlage gelegt. Es wird der Abstand bestimmt zwischen einer vertikalen Platte, gegen welche die Sitzknochen angedrückt werden, und einer zweiten vertikalen Platte, die an den Kopf angelegt wird.

Am besten geschieht bei Säuglingen die Messung mittels der Epsteinschen Meßbank.

In dieser horizontalen Lage erscheint die Sitzhöhe etwas größer als beim aufrechten Sitzen; vermutlich beruht die Differenz auf der Kompression der Zwischenwirbelkörper.

Die folgenden Zahlen geben zwei Reihen vergleichender Messungen an 19 Kindern meiner Säuglingsabteilung wieder. Sie geben ein Bild über die Differenzen zwischen aufrechter und liegender Sitzhöhe sowie über die Fehlergrenzen der Sitzhöhenmessung im allgemeinen.

Kind Nr.	Messung der Sitzhöhe am				Differenzen in halben Zentimetern			
	16. 5. 1916 cm		23. 5. 1916 cm					
	liegend	sitzend	liegend	sitzend	lieg. 16. 5. ab sitz. 16. 5.	liegend 23. 5. sitzend 23. 5.	liegend 23. 5. liegend 16. 5.	sitzend 23. 5. sitzend 16. 5.
1	54	51,5	54	51,5	5	5	0	0
2	46,5	46	46,5	45,5	1	2	0	− 1
3	46	45	48	45	2	6	+ 4	0
4	46	46	46	46	0	0	0	0
5	45	44	45	43,5	2	3	0	− 1
6	44	42	44	42,5	4	3	0	+ 1
7	43,5	42,5	43,5	42,5	2	2	0	0
8	42	41,5	42,5	42	1	1	+ 1	+ 1
9	42	40	42,5	41	4	3	+ 1	+ 2
10	41,5	40,5	42,5	42	2	1	+ 2	+ 3
11	39,5	38	39	38	3	2	− 1	0
12	38,5	37,5	39,5	38,5	2	2	+ 2	+ 2
13	38	37,5	38	38	1	0	0	+ 1
14	36	35	36,5	36,5	2	0	+ 1	+ 3
15	36	35	36	35	2	2	0	0
16	34,5	33,5	34	32,5	2	3	− 1	− 2
17	30,5	30,0	31,5	31	1	1	+ 2	+ 2
18	28	26,5	28,5	27	3	3	+ 1	+ 1
19	27,5	26,5	27,5	26,5	2	2	0	0

Die Differenz zwischen Liegen und Sitzen betrug in diesen 38 Messungen:

cm	0	0,5	1,0	1,5	2,0	2,5	3,0
Fälle	4	7	15	7	2	2	1

In 4 Fällen war gar keine Differenz zu konstatieren, in einem Falle eine Differenz von 3 cm; die häufigste (15 von 38 Messungen) und durchschnittliche Differenz betrug 1 cm; Säuglinge zeigen also bei der Messung im Liegen eine Sitzhöhe, welche gegenüber der beim Sitzen gemessenen Sitzhöhe durchschnittlich um 1 cm zu groß ist.

In zwei Messungen, die eine Woche auseinanderlagen, waren die Differenzen bei derselben Messungsart:

Differenz cm	0	0,5	1,0	1,5	2,0
Im Liegen Fälle	9	6	3	0	1
Im Sitzen Fälle	7	6	4	2	0

Wenn wir eine Zunahme um 0,5 cm als tatsächlich durch Wachstum erfolgt annehmen, so reduzieren sich diese Fehler folgendermaßen:

Differenz cm	0	0,5	1,0	1,5
Im Liegen Fälle	13	5	—	1
Im Sitzen Fälle	11	5	3	

Die Ungenauigkeit beider Messungsarten ist demnach nicht wesentlich verschieden.

Seit Ende 1914 werden auf meiner Klinik alle neuaufgenommenen Kinder der Messung unterzogen. Die Säuglinge werden alle 14 Tage wieder gemessen, die älteren Kinder alle Monate. Ferner habe ich eine größere Zahl von Föten und Totgeburten gemessen, sowie einige erwachsene Männer. Gleichzeitig wurden durch Schick an allen Kindern der Neugeborenenabteilung, ferner an einer Anzahl von erwachsenen Frauen dieselben Messungen ausgeführt.

Aus dem großen anthropometrischen Materiale, das sich auf diese Art angesammelt hat, will ich hier nur solche Beispiele anführen, die für die vorliegende Frage in Betracht kommen.

Allgemeiner Überblick.

Vergleichen wir einige Messungszahlen bei Föten, Kindern und Erwachsenen:

1. Kleinster gemessener Foetus, Knabe Nr. 77. (S. 55.)
2. Neugeborner Knabe, Nr. 56. Kräftig.
3. Knabe Georg M., 7 Jahre 9 Monate. Mager.
4. Erwachsener W., 28 Jahre, Soldat, Rekonvaleszent nach Dysenterie, mittelkräftig.

Messungen von Standhöhe, Sitzhöhe und Gewicht:

1. Foetus	Standhöhe	26,6 cm	Sitzhöhe	17,0 cm	Gewicht	0,35 kg
2. Neugeborner	„	50,5 „	„	32,0 „	„	2,9 „
3. 8jähriger	„	116,0 „	„	66,0 „	„	22,3 „
4. Erwachsener	„	177,0 „	„	93,0 „	„	73,3 „

Die Differenzen zwischen dem kleinsten und dem größten Körper sind sehr beträchtlich. Die Standhöhe steigt von 26,6 auf 177 cm, der Erwachsene war also 6,6 mal länger als der Foetus. Die Sitzhöhe zeigt eine etwas geringere Variation 17 : 93 cm, also wie 1 : 5,5. Das Gewicht dagegen zeigt den Unterschied von 350 g zu 73 300 g, verhält sich also wie 1 : 220.

Die größere Differenz zwischen der Standhöhe im Verhältnis zur Sitzhöhe beruht auf der Entwicklung der Beine. Diese sind beim Foetus und beim Neugeborenen noch relativ kurz. Die Beinhöhe beträgt beim Foetus 9,6 cm, also 56% der Sitzhöhe (Bedusi = 56), beim Neugeborenen 18,5 oder 58%, beim 8jährigen 50 cm oder 76%, während sie beim Erwachsenen mit 84 cm 90% der Sitzhöhe erreicht (Bedusi = 90).

Betrachten wir nun das Verhältnis zwischen der dritten Wurzel aus dem Gewichte und der Sitzhöhe:

	Foetus	Neugeborener	8jähriger	Erwachsener
Gewicht in g (Gi)	350	2900	22 300	73 300
dritte Wurzel daraus (Gili)	7,04	14,3	28,1	41,9
Sitzhöhe (Si)	17,0	32,0	66,0	93,0
Verhältnis $\sqrt[3]{\text{Gewicht}}$: Sitzhöhe (Gilidusi)	0,415	0,446	0,426	0,450

Wir sehen, daß dieses Verhältnis nur eine Variation von 0,415 bis zu 0,45 zeigt; der Unterschied zwischen dem Foetus und dem Erwachsenen ist jetzt nur wie 100 : 108, während die Sitzhöhen einen Unterschied von 100 : 547 gezeigt hatten, und die Gewichte einen solchen von 100 : 22 000.

Ohne Verhältnisrechnung erkennbar wird die Beziehung, wenn wir die dritte Wurzel nicht aus dem einfachen Gewichte, sondern aus dem zehnfachen Gewichte ziehen:

	Foetus	Neugeborener	8jähriger	Erwachsener
10faches Gewicht (Ge)	3.500	29.000	223.000	733.000
dritte Wurzel daraus (Geli)	15,2	30,7	60,5	90,1
Sitzhöhe cm (Si)	17,0	32,0	66,0	93,0
Verhältnis Gelidusi	89	96	92	97

Geli und Si sind nur wenig verschieden: 15,2 und 17,0, 90,1 und 93,0.

Die Variation des Gelidusi, das zwischen 89 und 97 schwankt, wird noch dadurch ausgeglichen, daß der magere Foetus und der magere 8jährige ganz ähnliche Zahlen ergeben, und ebenso der kräftige Neugeborene und der mittelkräftige Erwachsene. Es bestehen also gewiß nahe Beziehungen zwischen Sitzhöhe und Gewicht.

Noch deutlicher und einfacher werden sie, wenn wir, um die hochgradige Magerkeit des Foetus auszugleichen, hier solche Fälle auswählen, die durch einen größeren Kopf ein über den Durchschnitt reichendes Gewicht erreichen:

1. Foetus Nr. 73, Knabe. Standhöhe 30,0; Sitzhöhe 18,5; Gewicht 600 g. Der Kopfumfang beträgt 21,5, das durch Untertauchen gemessene Kopfvolumen 160 cm^3.

2. Neugeborener Knabe Nr. 57. Standhöhe 47,5; Sitzhöhe 30,0; Gewicht 2700 g; Kopfumfang 34 cm; Kopfvolumen 675 cm^3.

3. Erwachsener Schl. Vinzenz, 26 Jahre, Nr. 15. Rekonvaleszent nach Dysenterie. Standhöhe 171,5; Sitzhöhe 90,0; Gewicht 72 kg, Kopfumfang 56 cm.

	Foetus	Neugeborener	Erwachsener
10faches Gewicht in Gramm (Ge)	6.000	27.000	720.000
dritte Wurzel daraus (Geli)	18,2	30,0	89,5
Sitzhöhe cm (Si)	18,5	30,0	90,0
Gelidusi	98,4	100	99,5

Die Sitzhöhe ist hier fast gleich mit Geli, der dritten Wurzel aus dem 10fachen Körpergewicht. Oder: die dritte Potenz der Sitzhöhe ist ungefähr gleich dem 10fachen Körpergewicht.

	Foetus	Neugeborener	Erwachsener
$Sitzhöhe^3$ (Siku)	6332	27 000	729 000
10faches Gewicht in Gramm (Ge)	6000	27 000	720 000

Ein Würfel mit der Sitzhöhe als Seitenlänge, also ein Würfel, in dem der Mensch gerade aufrecht sitzen kann, würde, mit Wasser gefüllt, das 10fache Gewicht des Menschen haben. Oder es würden in diesem Würfel, wenn man die Körper darin eng aneinander pressen würde, 10 Menschen gerade Raum finden.

Diese einfache Beziehung ergibt sich bei den ausgewählten Fällen. Wir werden nun zu untersuchen haben, inwieweit sie auch bei dem Durchschnitt der Fälle ihre Richtigkeit hat und welche Variationen sich ergeben. Zu diesem Zwecke habe ich die Berechnung von Gelidusi in verschiedenen Altersstufen zunächst an den eigenen Messungen und dann an den in der Literatur vorfindlichen Zahlen ausgeführt.

Foeten.

Die Tabelle bringt die Abmessungen von 54 Foeten, Früh- und Neugeburten, von einer Körperlänge (Standhöhe) von 26,6 (des früher beschriebenen kleinsten Foetus Nr. 77) bis zur erreichten Reife mit einer Sitzhöhe von 33,7 cm.

Protok.-Nr.	Sitzhöhe cm	Gewicht g	Gelidusi	Protok.-Nr.	Sitzhöhe cm	Gewicht g	Gelidusi
77	17	350	89	59	26,5	1500	93
73	18,5	600	98	5	26,7	1230	86
76	20	600	91	41	27	1410	89
75	21	550	84	6	27	1350	88
34	21,5	850	95	63	28	1750	93
51	21,5	650	87	76	28,5	1410	85
74	22	900	94	36	28,5	1450	86
67	22	820	92	48	28,5	2000	95
70	22	820	92	35	28,6	1250	81
22	22,2	700	86	42	29	1630	87
68	23	730	84	32	29	2000	94
66	23	1100	97	54	29,5	1800	89
62	23	1000	94	46	29,5	2000	92
40	23	840	88	38	29,5	1810	89
24	23,2	850	88	57	30	2700	100
23	23,3	730	83	4	30,1	2040	91
45	24	1000	90	50	31	2100	89
24	24	900	87	43	31	1920	86
64	24	1000	90	25	32	1960	84
65	24	1100	93	55	32	3000	97
60	24,2	1000	89	56	32	2900	96
31	24,5	920	85	69	32,4	2700	93
52	25	1400	96	8	32,5	2030	84
47	25	1400	96	48	33	2500	89
7	25,1	1120	89	71	33	2800	92
47	26	1150	87	33	33	2630	90
53	26	1450	94	72	33,7	2800	90

In dieser Gruppe zeigen ein Gelidusi von:

81—85	8	Fälle
86—90	23	,,
91—95	16	,,
96—100	7	,,

Neugeborene.

Messungen an 128 Neugeborenen der Klinik Schauta liegen diesen Zahlen zugrunde. Ich gebe hier nur das berechnete Gelidusi an, ohne die Gewichte und die Sitzhöhe ausführlich zu bringen.

Neugeborene der Klinik Schauta (Messungen der Kinderklinik).

Gelidusi	87	88	89	90	91	92	93	94	95	96	97	98	99	100	101	102	Summe	Durchschnitt
Knaben	3	2	1	3	10	10	7	9	4	4	2	4	—	1	1	1	62	93,18
Mädchen	—	2	2	3	9	11	10	5	6	4	6	3	2	1	1	1	66	93,73
Zusammen	3	4	3	6	19	21	17	14	10	8	8	7	2	2	2	2	128	93,46

Durchschnittlich betrug das Gelidusi bei den Neugeborenen 93,46; bei den Knaben mit 93,18 etwas weniger als bei den Mädchen mit 93,73. Aus dieser Differenz auf einen Geschlechtsunterschied zu schließen, wäre verfrüht.

Wie sich aus der Abbildung 2 ergibt, liegt die Mehrzahl bei 91 und 92; unter 91 liegen nur wenige, magere Kinder, während sich nach rechts zu ein allmählicher Abfall bis zu den fettesten Kindern zeigt.

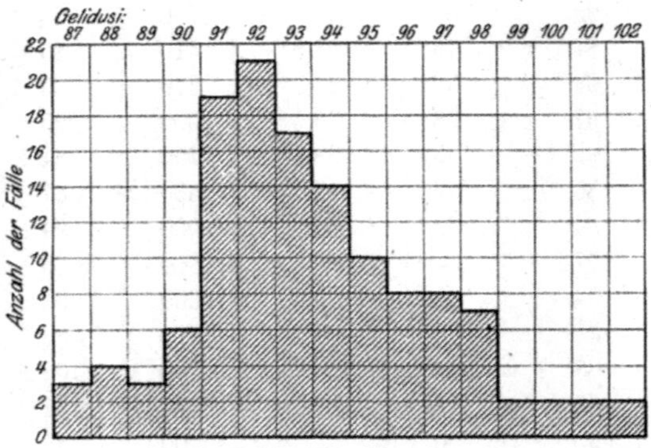

Fig. 2. Gelidusi des Neugeborenen.

Säuglinge.

Ich habe damit dem Beweise vorgegriffen, daß die Verschiedenheit des Gelidusi hauptsächlich vom Fettgehalte des Unterhautzellgewebes abhängt. Ein Beweis, den ich in der Kategorie

Geschlecht	Alter Mon.	Sitzhöhe cm	Gewicht kg	Diagnose	Klinisches Urteil	Gelidusi
△	9	42,5	4,35	Erbrechen	Mager	83
△	15	46,5	6,03	Pneumonie	"	84
△	16	47	6,60	Empyem	"	86
○	18	47	6,84	Amaur. Idiotie	"	87
○	4	37,5	3,48	Pneumonie	Sehr mager	87
△	4	38,5	4,04	Dermatitis	Mager	89
△	7	37	3,64	Atrophie	"	90
△	$^1/_4$	26	1,29	Frühgeburt	"	90
△	$^3/_4$	33	2,72	Rekonvaleszenz (nach Hunger)	"	91
○	20	44	6,81	Gesund (Rachitis)	Mittel	93
△	7	39	4,73	" (nach Scabies)	"	93
○	10	39	5,13	" " "	"	95
△	3	39,5	5,29	" (Ammenkind)	"	95
○	26	54	14,0	" (nach Furunkulose)	Fett	96
○	15	43	7,29	" (Frühgeburt)	Mittel	97
△	6	41	6,3	" (Ammenkind)	"	97
△	11	42,5	7,15	Bronchitis	"	98
△	4	36	4,57	Pneumonie	"	99
○	17	45	8,89	Gesund (nach Dysp.)	"	99
△	6	41	7,02	" (Ammenkind)	Fett	101

der Säuglinge führen kann, wo wir ja die Differenzen zwischen Abmagerung und Fülle am allerschärfsten vor uns haben.

Die Messungen aller Kinder, die am 14. 3. 1916 auf meiner Säuglingsabteilung waren, sind auf Seite 219 zusammengestellt. Das klinische Urteil „mager, mittel, fett" wurde eingeschrieben, bevor die Berechnung des Gelidusi ausgeführt war, ist also nicht durch die Theorie beeinflußt.

Wir sehen hier eine Variation des Gelidusi zwischen 83 und 101. Die „gesunden" Säuglinge, die nach akuten Krankheiten noch weiter aufgefüttert wurden, und klinisch die Bezeichnung „mittlerer Fettgehalt" bekamen, zeigen ein Gelidusi zwischen 93 und 99; alle Kinder unter Gelidusi 91 waren deutlich mager. Als „fett" wurde ein Ammenkind mit Gelidusi 101 bezeichnet, und ein Kind von Gelidusi 96; dieses Kind war über 2 Jahre alt, und zeigte noch die für dieses Alter ungewöhnliche Fülle eines gesunden Säuglings.

Während wir also bei den Neugeborenen, die ja so ziemlich alle als gesund anzusehen sind, die Mehrzahl bei einem Gelidusi von 91—93 gefunden haben, finden wir hier bei den gesunden ein höheres Gelidusi, zwischen 93 und 101. Dies entspricht der physiologischen Fettansammlung, die sich im Verlaufe des ersten Lebensjahres vollzieht. Wie diese vor sich geht, können wir an dem gesunden Ammenkinde F. Raimund verfolgen:

Alter in Wochen	Sitzhöhe cm	Gewicht kg	Gelidusi
3	35	3,3	92
7	36	4,1	96
11	38	5,25	99
19	40	6,18	99
27	41	7,2	101

Durch eine, auch klinisch deutlich wahrnehmbare Fettansammlung hat sich das Gelidusi von 92 auf 101 vermehrt. Das Kind war anfangs normal mager und nahm dann von Woche zu Woche intensiv an Fett zu.

Andere Säuglinge halten ihr Gelidusi durch Monate hartnäckig fest, indem sie ihr Fett nur in gleicher Proportion mit dem Längenwachstum ansetzen:

Ammenkind H. Ferdinand.

Alter in Wochen	Sitzhöhe cm	Gewicht kg	Gelidusi
1	35	3,5	93,5
3	35,5	3,7	94,0
6	36,5	3,97	93,5
10	38,0	4,55	94,0
16	40,0	5,25	93,7

Kinder von 1—14 Jahren.

Die Abbildung 3 gibt Aufschluß über das Verhalten von Gelidusi während des Kindesalters. Zu der Tabelle sind nur jene Kinder benutzt,

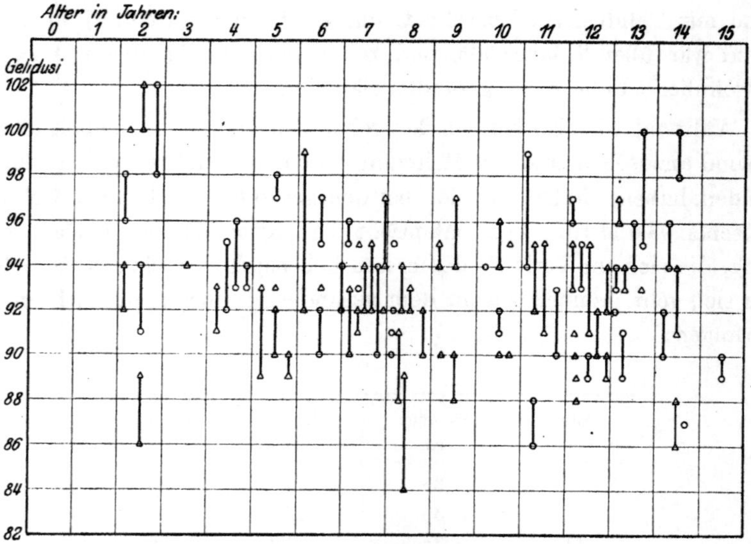

Fig. 3. Gelidusi von Kindern zwischen 1 und 14 Jahren.

welche längere Zeit auf der Klinik gehalten wurden und unter genauer Beobachtung ihrer Ernährung standen. Das Zeichen △ bedeutet Knabe, ○ Mädchen; die Verbindungslinie bedeutet die größte Differenz, die sich im Gelidusi des einzelnen Kindes ergab.

So kam als magerstes Kind ein Knabe von 8 Jahren mit einem Gelidusi von 84 in die Klinik; als er sie nach einer Ernährungskur verließ, hatte er ein Gelidusi von 89. Die stärkste Differenz zeigt der erste Knabe, der unter den 6jährigen angeführt ist. Er kam mit 92 und wurde mit 99 entlassen.

Der allgemeine Überblick über die Abbildung 3 ergibt, daß die größte Variation wieder ganz ähnlich ist, wie bei der vorhergehenden Gruppe: 84—102, die Mehrzahl der Fälle liegt zwischen 90 und 96.

Alle bisherigen Zahlen waren in der Weise gewonnen, daß das Gewicht jedes einzelnen Kindes mit der Sitzhöhe desselben Kindes verglichen wurde. Zur Gewinnung von Mittelwerten ist noch ein zweiter Weg möglich, nämlich der, das durchschnittliche Gewicht einer einigermaßen einheitlichen Kategorie mit der durchschnittlichen Sitzhöhe der betreffenden Kategorie zu vergleichen.

In dieser Weise konnte ich die Messungen von Quetelet, Weissenberg und West verwenden, welche bei einer größeren Zahl von Individuen desselben Alters neben anderen Maßen Sitzhöhe und Gewicht ermittelten und die Durchschnittszahlen zogen. Aus diesen Durchschnittszahlen habe ich dann das Gelidusi berechnet.

Ganz exakt ist der Vergleich mit meinen Zahlen allerdings nicht, da ich das Nettogewicht bestimmte, während bei diesen Autoren über die Art der Gewichtsbestimmung keine völlige Klarheit zu erreichen war. West nahm das Gewicht (das ich von Pfund in Kilogramm umrechnete) „in leichter Kleidung", bei Weissenberg fand ich keine Angabe über die Abrechnung der Kleider. Aus der Ähnlichkeit des Gelidusi bei West und Weissenberg ist zu schließen, daß auch Weissenberg eine leichte Kleidung mitgewogen hat. Quetelet dürfte, bei der Exaktheit aller seiner Bestimmungen, das Nettogewicht genommen haben.

Leichte Kleidung ist ungefähr mit 3% des Körpergewichtes einzuschätzen, was einer Erhöhung des Gelidusi um einen Grad entspricht. Die aus West und Weissenberg berechneten Zahlen dürften demnach um einen Grad zu hoch sein.

Gelidusi der Knaben im Lebensjahre:

aus	0	1	2	3	4	5	6	7	8	9	10	11	12	13	14
Quetelet	92,3	98,2	95,3	93,1	92,6	92,5	91,6	92,0	91,5	91,3	90,9	91,3	91,8	93,6	94,9
Weissenberg . .	—	—	—	—	—	95,1	95,1	94,9	94,1	94,4	93,9	93,9	94,7	94,6	96,3
West	—	—	—	—	—	95,8	96,5	94,7	93,6	93,9	94,7	95,0	95,0	95,5	95,6

Die aus Weissenberg und West gewonnenen Gelidusizahlen sind außerordentlich ähnlich, was um so bemerkenswerter ist, als sie aus ganz verschiedenen Gegenden stammen: (aus Südrußland und Nordamerika), und als die absoluten Zahlen von Gewicht und Sitzhöhe bei den Westschen Kindern bedeutend höher liegen, was in den besseren Lebensverhältnissen der amerikanischen Kinder seinen Grund haben dürfte. Bei der gleichen Größe des Skelettes haben aber die russischen und die amerikanischen Kinder dasselbe Gewicht, also den gleichen Fett- und Muskelgehalt.

Nach den Zahlen von Quetelet zu schließen, sind die belgischen Kinder in der ersten Hälfte des 19. Jahrhunderts etwas magerer gewesen als die heutigen amerikanischen und russischen Kinder. Seine Zahlen interessieren uns hauptsächlich in den ersten 4 Lebensjahren, für welche bei Weissenberg und West keine Messungen vorliegen.

Bei den Neugeborenen ergibt die Berechnung aus Quetelet eine ähnliche, wenn auch etwas niedrigere Durchschnittszahl wie bei unseren Wiener Neugeborenen: 92,3 gegen 93,46. Im ersten Lebensjahre ist eine bedeutende Erhöhung zu sehen: ein Gelidusi von 98,2, das dann schon im zweiten Jahre wieder auf 95,3 sinkt. Dieser Befund entspricht dem Fettansatze während der Säuglingszeit, die auch bei meinen Ammenkindern klar zutage tritt. (S. 56.) Das ist die „erste Fülle", welcher dann für das Alter bis zu 12 Jahren eine Periode physiologischer Magerkeit folgt. Für eine Periode der „zweiten Fülle", wie sie Stratz annimmt, besteht weder klinisch noch in den Durchschnittszahlen irgendein Anhaltspunkt.

Über die Mädchen liegen mir nur die Zahlen von West vor, aus denen sich ganz ähnliche Gelidusi ergeben, wie bei den Knaben.

Gelidusi der Mädchen im Lebensjahre:

	5	6	7	8	9	10	11	12	13	14
aus West	96,0	94,7	94,4	93,8	94,2	94,6	94,0	94,0	93,2	95,0

Es besteht also jedenfalls im mittleren Kindesalter kein prinzipieller Unterschied im Ernährungszustand beider Geschlechter.

Das Alter von 15—20 Jahren.

Hierüber habe ich kein eigenes Material, sondern bin ganz auf die Berechnungen aus den Messungen Quetelets, Weissenbergs und Wests angewiesen.

Jahre	15	16	17	18	19	20
Männer, aus Quetelet	95,9	95,6	97,6	97,0	96,8	97,3
Männer, aus Weissenberg . . .	95,0	94,6	94,5	95,5	96,8	95,8
Männer, aus West	94,6	95,6	95,6	95,1	96,6	—
Frauen, aus West	93,9	93,5	94,4	95,7	95,4	95,8

Entsprechend dem Ansatze von Muskulatur und Fett nach der Pubertät ist überall gegenüber der Vorperiode eine Erhöhung des Gelidusi nachzuweisen, die aber nur bei Quetelet erheblich ist. Bei ihm liegt Gelidusi im 6.—10. Jahre um 92, im 15.—20. Jahre um 96; bei den anderen Autoren steigt es nur von 94 auf 95.

Erwachsene.

Hier ist bei beiden Autoren, denen Zahlen für Männer zu entnehmen sind, Quetelet und Weissenberg, ein deutlicher Anstieg des Gelidusi zu konstatieren.

Jahre	21/25	26/30	31/40	41/50
Männer, aus Quetelet	98,1	97,6	97,5	—
Männer, aus Weissenberg . . .	96,0	97,6	98,4	98,9

Bei den erwachsenen Männern nähern sich mithin die Durchschnitte der Zahl 100, die im Kindesalter sonst nur von einzelnen Individuen erreicht oder überschritten wird.

Einige Individualzahlen für erwachsene Männer gewann ich an Soldaten, die in meiner Klinik lagen.

Protok.-Nr.	Sitzhöhe cm	Gewicht kg	Gelidusi
9	84	43	90
19	93	62,8	92
16	86	53,6	94
13	94	73,3	96
11	87	62,7	98
10	88,6	66,5	98
18	90	70	98
9	84	59,6	100
20	87	65,5	100
21	89	71	100
12	90	73,3	100
15	90	72	100
14	85	66,5	102
17	88	75,3	103

Bei diesen gut gebauten, ziemlich muskelkräftigen Männern schwankte das Gelidusi zwischen 90 und 103, die größte Zahl der Fälle (5 von 14) liegt bei 100. Besonders instruktiv ist Fall Nr. 9, ein kleiner Mann von 84 cm Sitzhöhe, der mit schwerer Dysenterie in vollständig abgemagertem Zustande mit 43 kg in die Klinik eingeliefert wurde, und innerhalb mehrerer Monate sein Gewicht auf 59,6 kg erhöhte. Er hatte dann einen gut mittleren Ernährungszustand. Gelidusi betrug bei der Aufnahme 90, bei der Entlassung 100.

Messungen, die Schick an erwachsenen gesunden Frauen anstellen ließ, ergaben folgende Zahlen:

Gelidusi	90	91	92	93	94	95	96	97	98	99
Fälle	1	1	—	2	4	2	2	7	7	6

Gelidusi	100	101	102	103	104	105	106	107	108	109
Fälle	8	3	9	6	6	2	—	2	1	2

Eine Gruppe von magersten mit 90 und 91 und eine Gruppe von fetten mit 107—109 hebt sich von den fließenden Übergängen der Mittelzahlen ab. 51 von 70 Untersuchungen zeigen ein Gelidusi zwischen 97 und 104, also wieder um 100, wie bei den erwachsenen Männern.

Zusammenfassung.

Fassen wir nun die Resultate der Individualuntersuchungen nochmals zusammen:

	81—85	86—90	91—95	96—100	101—105	106—110	kleinstes Gelidusi	größtes Gelidusi
Foeten	8	23	16	7	—	—	81	100
Neugeborene	—	16	81	27	4	—	87	102
Säuglinge	2	6	5	6	1	—	83	101
Kinder	1	36	79	24	2	—	84	102
Männer	—	1	2	9	2	—	90	103
Frauen	—	1	9	30	25	5	90	109

Die Schwankungen des Gelidusi in allen Altersgruppen sind ziemlich ähnlich: Bei den Kindern erreichen die fetten Individuen die Zahl 100, die mageren bleiben unter 90. Bei den Erwachsenen ist außer dem Fettpolster auch die Muskulatur zu berücksichtigen, welche eine Erhöhung des Index um etwa 5 Grade bewirkt. Die Mageren sind unter 95, die fetten über 105.

Auch die Durchschnittszahlen beweisen dasselbe: sie halten sich in der Zeit der physiologischen Magerkeit unter 95, und überschreiten diese Zahl in der Zeit der ersten Fülle, und dann wieder bei den Erwachsenen.

Woher kommt es, daß trotz des Wachstums der Extremitäten und des entsprechend zunehmenden Gewichtes der Extremitäten doch die Sitzhöhe vom Foetus bis zum Erwachsenen ihre gleiche Beziehung zum Körpergewicht erhält? Dies geschieht dadurch, daß die Extremitäten durch das Gewicht des Kopfes kompensiert werden. Was die Extremitäten des Foetus zu wenig wiegen, das wiegt sein Schädel mehr.

Die Bestimmung des Gelidusi im Einzelfalle kann uns zunächst zum Vergleiche des Wechsels im Ernährungszustande bei demselben Individuum dienen. Hier hat schon jeder Grad Gelidusi Bedeutung. Ein Grad entspricht einer Veränderung um 3% des Körpergewichtes, zehn Grade einer Veränderung um 27%, 20 Grade einer Veränderung um 49%.

Wozu bedürfen wir aber einer solchen Berechnung, wo doch das Gewicht die Veränderung viel bequemer erkennen läßt? Bei dem erwachsenen Mann Nr. 9, der in der Spitalbehandlung von 43 kg auf 59,6 kg zunahm und dadurch im Gelidusi um 10 Grade, von 90 auf 100 vorrückte, läßt sich allerdings die Zunahme des Ernährungszustandes ebensogut aus dem absoluten Gewichte erkennen. Anders liegt die Sache bei den Kindern, die während der Beobachtungszeit wachsen. Der Säugling H. Ferdinand (S. 58 oben) hat zwischen der 3. und der 16. Woche sein Gewicht von 3,7 auf 5,25, also um 42% erhöht, er ist aber in seinem Ernährungszustande gleich geblieben und hat das Gelidusi von 94 unverändert behalten, weil durch das gleichzeitige Längenwachstum seine Sitzhöhe von 35 auf 40 cm zunahm. Beim Säugling Raimund (S. 57 unten) dagegen erfolgte neben dem allgemeinen Wachstum eine starke relative Vermehrung des Fettpolsters. Von der 3. bis zur 27. Woche nahm seine Sitzhöhe von 35 auf 41 cm zu, sein Gewicht von 3,3 auf 7,2 kg; das bedeutet ein Vorrücken des Gelidusi um 9 Grad, von 92 auf 101. Aus dem Gewicht allein könnte man sich hier gar kein Bild machen.

Zum Vergleiche des Ernährungszustandes verschiedener Individuen kommen nur Unterschiede im Gelidusi um mindestens 5 Grad in Betracht. Bei gleicher Sitzhöhe können nämlich Variationen in der Länge der Extremitäten, dem Umfange des Stammes und damit dem Gewicht der inneren Organe und (besonders bei Föten und Neugeborenen) Verschiedenheiten des Kopfgewichtes, Gewichtsdifferenzen bedingen, die, trotz eines ähnlichen Fettpolsters, mehrere Grade betragen können. Ein genaueres Studium dieser Bedingungen wird später auf Grund meines ganzen anthropometrischen Materiales folgen. Ich hoffe, dadurch so weit zu kommen, daß ich aus dem Vergleich der Messungszahlen mit dem Gewicht das Vorhandensein von pleuralen und abdominalen Ergüssen usw. nachweisen kann.

Bei Einknickung der Wirbelsäule oder starken Verkrümmungen derselben kann wegen des Fehlers in der Bemessung der Sitzhöhe diese nicht zur Bestimmung des Gelidusi verwendet werden. In solchen Fällen kann der Brustumfang einen gewissen Ersatz bieten.

Zum Zwecke der statistischen Erhebungen ist es zur Bestimmung des Gelidusi nicht nötig, die Messung der Sitzhöhe und die Gewichtsbestimmung unbekleidet durchzuführen. Wenn die Kinder nur auf der Hose oder auf einem leichten Rocke sitzen, machen die paar Millimeter Stoffdicke für die Messung der Sitzhöhe keinen Unterschied; und bei der Gewichtsbestimmung kann leichte Kleidung (ohne Überkleider und schwere Schuhe) durch Abzug von einem Grade Gelidusi (3% des Brutto-Gewichtes) ausgeglichen werden.

Berechnung von Gelidusi.

Die Berechnung von $\sqrt[3]{10\ \text{Gewicht}}$: Sitzhöhe erscheint kompliziert, ist aber mit Hilfe des Rechenschiebers[1]) in einem einzigen Akte zu lösen.

Auf Fig. 4 ist die Bestimmung von Gelidusi bei einem Gewichte von 10,0 kg und einer Sitzhöhe von 50 cm dargestellt.

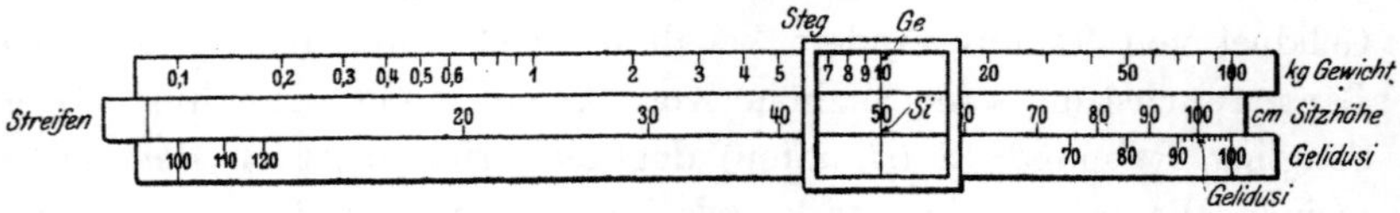

Fig. 4. Ablesung von Gelidusi am Rechenschieber.

Zuerst wird der Faden des Steges in der obersten Linie auf die Zahl 1 = 10 kg Gewicht eingestellt, dann der verschiebbare Streifen in seiner unteren Teilung auf den Faden bei der Zahl 5 (50 cm Sitzhöhe); die Ablesung von Gelidusi erfolgt rechts unten: 93. Ein Gelidusi über 100 erscheint links unten.

Schlußsätze.

1. Die Sitzhöhe ist die Distanz von der Sitzfläche zur Scheitelhöhe.

2. Sie steht in enger Beziehung zum Körpergewicht und ist darum als das wichtigste Grundmaß des menschlichen Körpers anzusehen: bei gleicher Entwicklung von Muskulatur und Fettpolster ist das Verhältnis zwischen dem Kubus der Sitzhöhe und dem Körpergewichte in allen Lebensaltern konstant.

3. Beim muskelkräftigen Erwachsenen und beim fetten Säugling ist der Kubus der Sitzhöhe gleich dem 10fachen Körpergewicht.

---

[1]) System Rietz bei Albert Nestler, Lahr i. B.

4. Die Indexzahl Gelidusi ($\sqrt[3]{10 \text{ Gewicht : Sitzhöhe}}$) ist in diesen Fällen gleich 100; beim heranwachsenden Kinde ist sie durchschnittlich ungefähr 94; bei äußerster Abmagerung kann sie bis auf 81 herabsinken.

5. Diese Indexzahlen sind ein gutes objektives Maß für den Ernährungszustand des Menschen.

Sitzhöhe und Darmfläche.

Als theoretischen Ausgangspunkt für die Betrachtung der Ernährung hat Rubner, dem wir die Grundlagen der modernen Ernährungslehre verdanken, die Wärmemenge angenommen, welche das ruhende und hungernde Tier an die Außenwelt abgibt. Diese Wärmemenge entsteht durch Verbrennung der im Körper vorhandenen Reservesubstanzen, besonders des Fettes. Sie ist von zwei Faktoren abhängig: einerseits ist sie ein Nebenprodukt der Oxydationen, welche notwendig sind, um die unumgänglichen Lebensfunktionen des Organismus, wie die Bewegung des Herzens und der Lunge, die Sekretion der Drüsen, aufrechtzuerhalten und andererseits wird sie — im kalten Medium — durch mehr oder weniger willkürliche Bewegungen so weit gesteigert, daß der Abkühlung des Körpers begegnet und eine gleichmäßige Innentemperatur aufrechterhalten wird.

Die Wärmeentwickelung des Tierkörpers hat keine mystische Ursache, sondern sie muß mit ebensoviel Brennstoff gespeist werden, als wenn die Verbrennung außerhalb des tierischen Organismus vor sich gegangen wäre. Rubner untersuchte die Mengen von Nahrungsstoffen, durch welche die Verbrennung der Reservesubstanzen aufgehoben wird und ermittelte die Anzahl der Calorien, welche 1 g Nahrungsfett, 1 g Kohlenhydrat, 1 g Eiweiß bei der Verbrennung im tierischen Organismus frei werden läßt. (Rubners Standardzahlen.)

Einer der Grundversuche Rubners betrifft die Wärmeproduktion des hungernden Hundes bei verschiedener Außentemperatur: Bei 20° C gab der Hund 53,5 Cal. pro Kilogramm und Tag ab, bei 15° C fast ebensoviel: 53,0 Cal., aber bei 7,6° C 83,5 Cal. Die Wärmeabgabe von 53,5 Cal. entspricht dem für die notwendigsten Funktionen nötigen Minimum — sie wird bei weiterer Erhöhung der Außentemperatur nicht mehr kleiner —, andererseits werden bei der niederen Außentemperatur von 7,6° C um 30 Cal. mehr Verbrennungen nur deswegen ausgeführt, um die Temperatur des Tieres nicht absinken zu lassen.

Hunger und Ruhe sind aber Ausnahmezustände, welche wohl physiologisch wichtige Schlüsse erlauben, jedoch in der Praxis wenig direkte Anwendung finden. Zu normalen Zeiten hungern wir nicht, sondern wir sind gewohnt, mehrmals am Tage den Nahrungstrieb zu stillen. Die Ruhe des Experiments kommt nur bei bettlägerigen Kranken vor; am meisten entspricht dem Experiment noch der sitzende „Kopfarbeiter". Das wachsende und dabei lebhafte Kind, der körperlich arbeitende Mann sind weit von der Muskelruhe und vom Hunger entfernt und zeigen daher ganz andere Verbrennungen als das physiologische Experiment.

Der menschliche Organismus nimmt gewöhnlich viel höhere Nahrungsmengen auf, als zur Heizung des Ofens, zur Erhaltung der Körpertemperatur, nötig wären. Der arbeitende Mann ißt nicht zu dem Zwecke, um seine Körpertemperatur nicht absinken zu lassen. Im Gegenteile: er hat einen Überschuß an Wärme, den er durch Wasserverdunstung von sich abzuwälzen sucht.

Ich nehme deshalb zum Ausgangspunkt der Ernährungslehre nicht die Wärmeabgabe, sondern die Aufnahme von verbrennungsfähigen Substanzen in der Nahrung.

Wir haben im früheren Kapitel (S. 33) gesehen, daß Fußballspieler (Atwater) 86 Hektonem, den Nahrungswert von $8^1/_2$ Liter Milch pro Tag zu sich nahmen, während die Menge, welche für Professor Ranke (S. 31) genügte, 33 Hektonem betrug. Was geschieht mit den 53 Hektonem, die der Fußballspieler mehr verzehrt hat? Sie werden im arbeitenden Muskel verbrannt und zu einer Arbeitsleistung außerhalb des Körpers, zu äußerer Arbeit verwendet. Die Nahrung des Schwerarbeiters können wir uns also in zwei Teile gespalten denken: einen Teil, der auch für den ruhenden Menschen, für die „innere Arbeit" notwendig ist und den anderen Teil, den Nahrungsüberschuß, der für die äußere Arbeit frei ist.

Dieser Überschuß kann aber auch für andere Funktionen dienen als für Muskelarbeit. Der Säugling nimmt mehr Nahrung zu sich, als er für die innere Arbeit notwendig hat, um den Rest in Wachstum umzusetzen und die Nahrungsmittel nach einem kurzen Umwandlungsprozeß als eigenes Eiweiß, eigenes Fett, eigene Körperflüssigkeit aufzuspeichern. Die Mutter nimmt während der Schwangerschaft einen Nahrungsüberschuß, um davon das Kind zu bilden, und sie nimmt nach der Geburt einen großen Überschuß, um davon Milch für ihr Kind abzugeben.

Am schärfsten finden wir die Nutzbarmachung des Nahrungsüberschusses bei unseren Haustieren ausgeprägt. Der Bauer hält nichts von einem Pferde, das nur so viel frißt, daß es ruhig im Stalle liegen und seine Innentemperatur erhalten kann, oder von einem Schweine, das nur sein Minimum für die innere Arbeit verzehrt und kein Fett ansetzt. Solche genügsame Rassen werden höchstens in der Menagerie gehalten; die Landwirte haben im Laufe der Jahrhunderte Hausrassen gezüchtet, welche geradezu als tierische Maschinen angesehen werden können, die mit den Nahrungsbrennstoffen geheizt werden. Rind, Pferd und Schwein haben sich als die Rassen mit dem anpassungsfähigsten Darmkanal erwiesen. Sie sind leicht imstande, doppelt so viel zu fressen als sie für die innere Arbeit brauchen, und daher sind wir in der Lage, die Hälfte der Nahrung, die wir an sie verfüttern, in einer uns nutzbaren Weise anzulegen. Der Nahrungsüberschuß, den der Ochse frißt, kann nach Belieben entweder in Fett oder in mechanische Arbeit übergeführt werden, wobei ein Teil der Energie im Ansatz oder in der Arbeitsleistung wieder erscheint[1]). Die Kuh gibt aus dem Überschusse Milch oder sie setzt Fett an. Das Pferd liefert Arbeit. Das Schwein endlich ist für Fett- und Fleischansatz zu gebrauchen; und zwar mit großem Nutzeffekt, weil es am liebsten liegt und daher fast keine Ausgaben für Muskelbewegungen macht.

Vergleichen wir nun zwei verschieden große Tiere derselben Art miteinander, z. B. ein Pony von 280 kg und ein schweres belgisches Pferd von 800 kg. Nehmen wir an, daß beide gleich gute Fresser sind und daß sie alle beide doppelt so viel Nahrung bewältigen, als sie für die innere Arbeit benötigen, so werden sie beide die Hälfte der Nahrungsenergie für die äußere Arbeit frei haben.

Wenn jedes der beiden Pferde einen Vorrat von 200 kg Hafer zu verzehren hat, so wird jedes von ihnen $^1/_2$ dieser Nahrungsmenge, also 100 kg Hafer, für die innere Arbeit verwenden; 100 kg Hafer werden zu äußerer Arbeit verwendet werden; es wird zwischen beiden in der Endsumme der daraus geleisteten Arbeit kein Unterschied sein. Aber das große Pferd wird den Hafervorrat in viel kürzerer Zeit auffressen als das kleine, und es wird dementsprechend die Arbeit in viel kürzerer Zeit, an jedem einzelnen Arbeitstage also mehr leisten.

Warum kann das große Pferd schneller fressen? Weil es ein größeres Maul, einen größeren Magen und, hauptsächlich, einen größeren Raum

[1]) Ein Nem Überschuß kann (bei trainierter Arbeit) rund 100 Kilogrammeter Arbeit leisten, was einem Drittel der Energie entspricht.

zur Resorption der zerkleinerten und vorbereiteten Nahrung, einen größeren Darmkanal hat. Dieses Organ der Resorption ist in letzter Linie entscheidend, und zwar die Flächenausdehnung dieses Organes.

Die Resorption erfolgt entsprechend der Fläche des Darmkanales. Man kann sich den Darmkanal als ein Filter vorstellen, durch das der verdauliche Teil der Nahrung passiert. Wenn das große Pferd von 800 kg Gewicht eine resorbierende Darmfläche von 4 qm hat, so wird das Pferd von 280 kg (nach den $^2/_3$ Potenzen des Gewichtes) eine Darmfläche von 2 qm besitzen. Dementsprechend müssen sich auch die täglichen Nahrungsmengen, der tägliche Nahrungsüberschuß und damit auch die tägliche Arbeit wie 4 : 2, wie die resorbierenden Darmoberflächen verhalten.

Die Tatsachen in der Landwirtschaft entsprechen ungefähr diesen theoretischen Auseinandersetzungen.

Nach den Berechnungen von A. Wüst[1]) können als ungefähre Anhaltspunkte für die Leistungen der Pferde bei achtstündiger Tagesarbeit und einer Geschwindigkeit von 4 km in der Stunde folgende Zahlen dienen:

Lebendgewicht, kg	300	400	500	600	700
Tagesleistung, Millionen mkg	1,44	1,80	2,16	2,52	2,88
Kellner[2]) gibt dazu die Nahrungsmenge in kg Stärkewert	5,05	6,22	7,31	8,46	9,53

Beim Menschen ist die Betrachtung als Arbeitsmaschine wohl nicht allgemein gerechtfertigt. Nur wenige Menschen werden als rein körperliche Kraftquellen bis zum Maximum der Leistungsfähigkeit ihrer resorbierenden Darmfläche ausgenutzt, wie wir dies bei den großen Haustieren gewohnt sind. Trotzdem scheint es mir erlaubt, auch die Ernährung des Menschen von dem Gesichtspunkte des größten erreichbaren Nahrungsüberschusses, der maximalen, maschinellen Leistungsfähigkeit zu betrachten, weil dieser Gesichtspunkt die klarste Grundlage für die praktische, den jeweiligen Funktionen des menschlichen Organismus angepaßte Ernährung bietet.

Die resorbierende Darmfläche des Menschen.

Woraus besteht die resorbierende Darmfläche des Menschen? Mund, Speiseröhre und Magen können wir außer acht lassen, weil sie an der Resorption nur minimal beteiligt sind. Als resorbierend werden wir den ganzen eigentlichen Darm ansehen, den Dünn- und Dickdarm

[1]) Landwirtschaftl. Maschinenkunde. Berlin 1889.

[2]) O. Kellner, Die Ernährung der landwirtschaftlichen Nutztiere. Berlin, Parey 1912. S. 462.

vom Pylorus bis zum Anus. Es handelt sich zunächst darum, die Länge dieses resorbierenden Abschnittes zu bestimmen.

Über die absolute *Länge* des Darmes des erwachsenen Menschen hat *Vierordt*[1]) eine Zahl von Angaben gesammelt. Ich ordne sie nach der Größe der gefundenen Werte:

Schwann (5 Männer)	10,7 m
Sappey	10,5 „
Gluge (Mann)	10,0 „
Schwann (Frau)	9,7 „
Hofmann („8—9 m“)	8,5 „
Richter	8,4 „
Krause	8,0 „
Tarenetzky	8,0 „
Beneke	8,0 „
Meckel (1817, Mann)	7,6 „
„ (Frau)	6,3 „

Die Angaben schwanken also beträchtlich, die Mehrzahl liegt zwischen 8 und 9 m. Das arithmetische Mittel beträgt 8,7 m.

Diese Zahl hat eine einfache Beziehung zur Sitzhöhe des Erwachsenen.

Die Sitzhöhen von 350 Männern und 350 Frauen, die *Weissenberg*[2]) in den Altersklassen von 21—50 Jahren gemessen hat, variierten zwischen 725 und 975 mm, und zwar die Sitzhöhen der Männer zwischen 775 und 975, die der Frauen zwischen 725 und 900. Wenn man die Summe beider Geschlechter zieht und sie auf 1000 Erwachsene umrechnet, so ergibt sich, daß beinahe die Hälfte aller Erwachsenen (482 von 1000) Sitzhöhen zwischen 825 und 875 mm haben, und daß $^{8}/_{10}$ aller Sitzhöhen innerhalb 80—90 cm fallen.

Sitzhöhe mm (von — bis)	Männer	Frauen	beide	‰
975—950	3	—	3	4
950—925	11	—	11	16
925—900	34	—	34	49
900—875	94	15	109	156
875—850	95	45	140	200
850—825	86	112	198	282
825—800	22	91	113	162
800—775	5	69	74	106
775—750	—	17	17	24
750—725	—	1	1	1
Summe	350	350	700	1000

[1]) Anatomische Daten und Tabellen. Jena, Fischer 1906, S. 117.

[2]) Das Wachstum des Menschen. Stuttgart, Strecker & Schröder 1911.

Die Durchschnittszahl aus den Weissenbergschen Angaben über die Gruppen 21—50 Jahre (S. 53) ergibt für die Männer 30 375 : 350 = 868 mm und für die Frauen 28 820 : 350 = 823 mm, für beide Geschlechter 59 195 : 700 = 846 mm.

Der Darm hat durchschnittlich eine Länge von 870 Zentimetern, die Sitzhöhe beträgt durchschnittlich 84,6 Zentimeter. Der Darm ist also durchschnittlich ungefähr zehnmal so lang als die Sitzhöhe.

Ist dies nur eine Zufälligkeit der Durchschnittszahl oder besteht ein tieferer Zusammenhang zwischen Darmlänge und Sitzhöhe, der sich auch im einzelnen Individuum kundgibt? Mehrere Autoren haben zu erforschen gesucht, in welchen Proportionen die Darmlänge eines bestimmten Menschen zu seinen übrigen linearen Körpermaßen steht. Die meisten (Spigelius, Meckel, Cruveilhier, Sappey, Huschke, Rollssenn, Dreike, Beneke) erforschten das Verhältnis zur Gesamtkörperlänge, mehrere aber das uns interessierende Verhältnis. Henning hat nun gefunden, daß die Darmlänge sowohl bei Erwachsenen als bei Kindern zehnmal so groß ist als die Distanz zwischen Kopfscheitel und Sitzhöcker.

In dem kurzen Artikel (Centralbl. f. med. Wissensch. 1881, S. 434), in dem Henning dieses Resultat kundgab, kommt es ihm darauf an, die Auffassung zu widerlegen, daß der Darm des Kindes relativ länger sei als der des Erwachsenen. Er weist nach, daß die größere Länge nur eine scheinbare sei, und zwar sei der Irrtum dadurch hervorgerufen, daß man bis dahin die Darmlänge immer mit der gesamten Körperlänge (Standhöhe) verglichen habe. Man dürfe aber bei dem Vergleiche die Beine nicht mitmessen, welche beim Kinde relativ viel kürzer seien als beim Erwachsenen, sondern man müsse so verfahren, wie man es in der Zoologie gewohnt sei und nur die Rumpflänge mit der Darmlänge in Vergleich bringen. Dann sei das Verhältnis dasselbe bei Mann und Kind.

Seither haben sich noch mehrere Autoren mit ähnlichen Messungen beschäftigt. Tarenetzky (Mémoires de l'acad. imp. d. sc. de St. Pétersbourg 1881) gibt für das Verhältnis der Darmlänge zur Distanz vom Scheitel bis zum oberen Rande des 1. Steißbeinwirbels folgende Zahlen an: Kinder unter 1 Jahr 6,6; unter 10 Jahren 7,6. Franzosen 9,6; Russen 9,4. Rollssenn (Dorpater Dissertation 1890): Erwachsene Deutsche 10 (ohne Duodenum und Rectum). Dreike (Deutsche Zeitschr. f. Chir. **40**. 1895): Erwachsene Russen 9,2, Russinnen 8,2; Knaben 10,5, Mädchen 10,6. — Wir sehen, daß fast alle diese Angaben um die Zahl 10 von Henning oszillieren.

Auffällig sind die widersprechenden Angaben, die Tarenetzky und Dreike über die Kinder machen. Jener fand den kindlichen Darm relativ kürzer, dieser länger als den der Erwachsenen. Zur Entscheidung dieser Frage kann man zunächst die Messungen heranziehen, die verschiedene Autoren an Neugeborenen gemacht haben. Sie sind zwar in absolutem Maße gehalten, aber bei den Neugeborenen spielen ja individuelle Unterschiede eine geringe Rolle. Als Darmlänge der

Neugeborenen fanden (Vierordt S. 117): Frolowsky 319 cm, Huschke 339 cm, Lamb 351 cm, Arnovljevic 353 cm, Güntz 393 cm, Schwann 450 cm. Da die Sitzhöhe der Neugeborenen im Mittel 33,8 cm beträgt, so ist das Verhältnis Sitzhöhe : Darmlänge auch hier wieder ungefähr 1 : 10.

Eine große Zahl von exakten Messungen haben Gundobin und Debele[1]) an 79 Kindern ausgeführt und die erhaltenen Zahlen mit der Rumpflänge (Abstand vom 7. Halswirbel und Steißbein) verglichen.

Um ihre Messungen zum Vergleiche mit der Sitzhöhe heranzuziehen, müssen wir zunächst das Verhältnis von Rumpflänge zur Sitzhöhe kennen.

Für die Kinder im Alter von 2—10 Jahren ist dies aus den Messungen Weissenbergs leicht festzustellen.

	0	2	3	4	5	6	7	8	9	10	20 Jahre
Rumpflänge	214	293	313	334	352	373	386	397	419	426	556
Sitzhöhe	338	493	519	548	574	607	626	643	664	678	863
Rumpflänge: Sitzhöhe	635	594	603	610	612	614	616	618	630	630	643

Es ergibt sich daraus, daß die Rumpflänge in einem ziemlich konstanten Verhältnis zur Sitzhöhe bleibt, sie schwankt zwischen 59 und 64%. Beim Neugeborenen ist die Rumpflänge relativ groß, beim Zweijährigen am kleinsten und nimmt dann allmählich wieder zu.

Im Alter zwischen 0 bis zu 2 Jahren hat Weissenberg keine Messungen vorgenommen. Ich füllte die Lücke dadurch aus, daß ich bei 16 Säuglingen Sitzhöhe und Rumpflänge verglich. Das durchschnittliche Verhältnis betrug 100: 63. Nach diesen Verhältniszahlen habe ich die Umrechnung der Gundobinschen Zahlen vollzogen. Für das erste Jahr wurde ein Verhältnis von Rumpflänge: Sitzhöhe von 63 angenommen, für das von Alter 1—3 Jahren von 60, 3—6 Jahren von 61, 6—9 Jahren von 62, 9—10 Jahren von 63. Mit diesen Zahlen wurde das von Gundobin berechnete Verhältnis Darmlänge: Rumpflänge multipliziert, um das Verhältnis Darmlänge: Sitzhöhe zu erhalten.

Alter Monate	Fälle	Rumpflänge	Darmlänge	Darmlänge: Rumpflänge	Darmlänge: Sitzhöhe
1	4	21,5	360	16,7	10,5
1—2	6	21,1	385	18,3	11,5
2—3	14	22,2	430	19,3	12,2
3—4	5	23,1	451	19,5	12,3
4—5	4	25,5	556	18,0	11,3
5—6	5	25,1	450	17,8	11,2
7—9	2	27,0	492	18,2	11,4
9—12	6	27,0	504	18,7	11,8

[1]) Gundobin, Die Besonderheiten des Kindesalters S. 303. Berlin 1912. Allgem. Medizin. Verlagsanstalt.

Alter Jahre	Fälle	Rumpf-länge	Darm-länge	Darm-länge: Rumpf-länge	Darm-länge: Sitz-höhe
1—2	5	32,0	549	17,2	10,0
2—3	3	31,0	566	18,3	11,0
3—4	3	33,0	548	16,4	10,0
4—5	6	39,4	570	14,5	8,8
5—6	4	39,7	570	14,3	8,7
6—7	2	40,5	591	14,6	9,1
7—8	4	43,2	628	14,5	9,0
8—9	2	42,0	662	15,8	10,4
9—10	4	44,5	708	15,9	10,0

Die Darmlänge bei Kindern ist mithin 9—12 mal so groß als die Sitzhöhe. Der Durchschnitt beträgt für die 79 von Gundobin - Debele gemessenen Kinder 1795 : 17 = 10,6.

Es ergibt sich also auch aus diesen Messungen eine Zahl, die mit der aus den Erwachsenen gewonnenen Mittelzahl gut übereinstimmt.

Die Breite des Darmes ist sowohl nach dem Darmabschnitte als nach dem Füllungszustande sehr verschieden. Wir werden die Darmoberfläche nicht aus dem exakten Produkte Länge mal den einzelnen Breiten berechnen können, sondern werden besser tun, die Messungen der Darmfläche zu registrieren und aus diesen einen Rückschluß auf die durchschnittliche Breite zu machen. Wir können dabei die Annahme machen, daß das Verhältnis der Länge des ganzen Darmes zur durchschnittlichen Breite ein konstantes ist.

Rauber-Kopsch[1]) fassen sowohl den Dünndarm wie den Dickdarm als langgestreckte Trichter auf, deren obere Öffnung weit ist und die sich in ihrem Verlaufe immer mehr verengern.

Nach Luschka[2]) ist der Umfang des Jejunums am oberen Ende 12,8 cm, am unteren Ende 9,8 cm. Der Umfang des Colon ascendens ist 20,5 cm, der des Colon descendens nur 14,5 cm.

Die Oberfläche des Darmes beträgt nach K. G. Richter[3]) auf 1 m Körpergröße 2225 qcm für den Dünndarm und 628 qcm für den Dickdarm. Als durchschnittliches Maß gibt er 4258 qcm für den Dünndarm und 1168 qcm für den Dickdarm an.

Eine große Schwierigkeit für die Beurteilung der Darmoberfläche liegt aber in der Ausdehnungsfähigkeit der Darmbreite. Nach Krause[2]) hat das Duo-

---

[1]) Lehrbuch d. Anatomie. Leipzig, Thieme 1914.

[2]) cit. bei Vierordt, Anat. Daten und Tabellen. S. 121.

[3]) Untersuchungen über Länge, Gewicht- und Flächenausdehnung des normalen menschlichen Magens und Darmes. Leipzig, Diss. 1904.

denum einen Durchmesser von 3,4 cm, der aber bis 4,7 cm ausdehnbar ist. Das Jejunum hat 2,7 cm und ist bis zu 3,8 cm ausdehnbar. Und beim Ileum beträgt der ungedehnte Durchmesser 2,3—2,5, der gedehnte 3, 4.

Dementsprechend gibt Sappey[1]) die Oberfläche des Dünndarmes in ungedehntem Zustande mit 5000 qcm, bei entfalteten Valvulae conniventes mit 11 000 qcm an. Dabei sind die Zotten noch nicht inbegriffen.

Wir können danach beim Erwachsenen die Oberfläche des ruhenden Darmes (ohne Zotten) rund mit 5000 qcm annehmen, die des geblähten mit 10 000 qcm; bei einer mittleren Füllung, wie sie etwa der normalen Verdauung entspricht, nehmen wir die Mitte, 7500 qcm, als Flächeninhalt an.

Die durchschnittliche Breite können wir aus der Division der Fläche durch die Länge gewinnen. Als durchschnittliche Länge des erwachsenen Darmes haben wir früher 870 cm ermittelt. 7500 qcm dividiert durch 870 cm ergibt eine Durchschnittsbreite von 8,6 cm. Die Breite beträgt also rund ein Hunbertstel der Länge; und die Oberfläche ist rund ein Hundertstel des Quadrates der Länge. Wie wir früher gesehen haben, beträgt die Darmlänge ungefähr das Zehnfache der Sitzhöhe; daraus ergibt sich, daß die Darmbreite ungefähr dem Zehntel der Sitzhöhe entspricht. Die Darmfläche ist dann auch ungefähr gleich dem Produkte der zehnfachen Sitzhöhe mit dem Zehntel der Sitzhöhe: sie ist also ungefähr gleich dem Quadrate der Sitzhöhe:

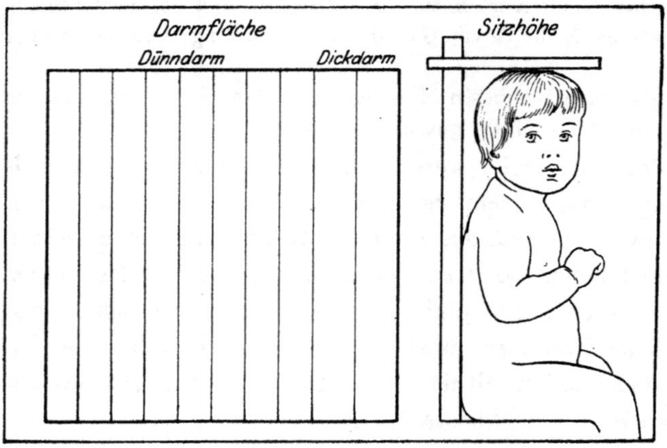

Fig. 5. Größe der Darmfläche.

$$\text{Darmfläche} = 10\,\text{Si} \times (\text{Si} : 10) = \text{Si}^2.$$

Wir können uns von der Darmfläche ein Bild machen, wenn wir uns den herausgenommenen Darm in 10 Teile zerlegt, aufgeschnitten, an den Längsrändern aneinandergenäht und in einem quadratischen

[1]) cit. bei Vierordt, Anat. Daten und Tabellen. S. 121.

Rahmen ausgespannt denken (Fig. 5). Die Höhe des Quadrates entspricht der Sitzhöhe, weil $^1/_{10}$ der Darmlänge gleich ist mit der Sitzhöhe, und die Grundlinie des Quadrates entspricht wieder der Sitzhöhe, weil die durchschnittliche Breite jedes Streifens $^1/_{10}$ der Sitzhöhe ist und wir alle 10 Zehntel nebeneinandergelegt haben.

Dieses Darmfell im quadratischen Rahmen stellen wir uns jetzt als ein horizontal liegendes Filter vor, auf das die Tagesnahrung in der Form von Milch ausgegossen wird. Oder wir stellen uns vor, daß der im Munde zerkleinerte und vom Magen chemisch präparierte Speisebrei in der Konsistenz und im Nährwerte von Milch aus dem Pylorus auf das Filter fließt.

Ich glaube, daß eine Reihe von praktischen Beispielen am besten meine Vorstellung erklären werden.

Nemrechnung und Darmfläche.

Es kommt zunächst darauf an, das Verhältnis der in einem Tage aufgenommenen Nahrungsmenge zu der resorbierenden Fläche festzustellen.

1. Säugling bei Milchnahrung.

Karl R. Frühgeburt. Aufgenommen im Alter von 11 Tagen am 28. XI. 1915; wird mit abgespritzter Frauenmilch ernährt.

Vom 29. XI. bis 2. XII. erhält das Kind je 240 g Milch, vom 3. XII. bis 20. XII. je 360 g. In der ersten Periode erfolgt ein Gewichtsverlust von 1620 auf 1600 g in 4 Tagen, also von 5 g im Tag, praktisch genommen ein Gewichtsstillstand; in der zweiten Periode eine Zunahme von 1600 auf 1990 g in 18 Tagen.

Betrachten wir zunächst die 1. Periode, bei welcher das 1600 g schwere Kind 240 g Milch pro Tag zu sich nimmt. Sehen wir nach, wieviel diese Menge in Beziehung zu der Ausdehnung des Darmkanals bedeutet.

Die Messung der Sitzhöhe (am 28. XI.) ergab 26,5 cm; die Darmlänge können wir demnach mit dem zehnfachen Maße, mit 265 cm, und die durchschnittliche Darmbreite mit 2,65 cm veranschlagen. Die resorbierende Darmfläche beträgt 2,65 × 265 cm, das ist 700 qcm. Diese 700 qcm Darmfläche haben die Aufgabe, in 24 Stunden 240 g Milch zu verdauen, ein einzelner Quadratzentimeter muß 240 : 700 = 0,343 g Milch bewältigen, oder rund $^3/_{10}$ g Milch. Bei dieser Ernährung ist der kleine Organismus eben in seinem Gewichte erhalten worden.

In der Mitte der nächsten Periode ist die Ausdehnung des Darmkanals schon etwas größer. Die Sitzhöhe beträgt jetzt 27,5 cm, folglich die Darmlänge 275 cm, die Darmbreite 2,75 cm, der Flächeninhalt 757 qcm. Das Kind trank 360 g Milch pro Tag, mithin 360 : 757 = 0,475 g Milch pro Quadratzentimeter Darmfläche oder rund $^5/_{10}$ g Milch. Diese Nahrungsaufnahme erlaubte eine Gewichtszunahme von 18 g pro Tag.

In einer weiteren Periode vom 27. XII. bis 14. I. nahm das Kind pro Tag 420 g Milch zu sich bei einer Sitzhöhe von 30 cm. Die Darmfläche betrug 30 × 30 = 900 qcm, die Nahrungsaufnahme pro Quadratzentimeter Darmfläche 420: 900 = 0,466, also wieder rund $^5/_{10}$ g Milch pro Quadratzentimeter. In dieser Periode nahm das Kind von 2070 auf 2380, also 310 : 19 = 16 g pro Tag zu.

2. Säugling. Milch und Zuckerlösung.

Nun ein Beispiel, wo die Berechnung schon etwas umständlicher ist:

Anna S., geboren am 1. IV. 1916, am 9. V. mit Verdauungsstörung aufgenommen. Zuerst Frauenmilch, dann Überführung auf Kuhmilchmischungen. Vom 24. VI. an keine Frauenmilch mehr.

In der Periode vom 10. bis 29. VII. trank das Kind täglich 600 g Flüssigkeit, welche aus 300 g Kuhmilch und 300 g Rohrzuckerlösung bestand. Das Kind nahm dabei gut zu, von 3170 auf 3580, also 460: 20 = 23 g pro Tag.

Wie verhält sich diese Nahrungsmenge zum Darmkanal? Um zu berechnen, wie sich die aus Milch, Zucker und Wasser bestehende Nahrungsmenge zur Darmoberfläche verhält, müssen wir sie auf ein einheitliches Maß bringen. Wir tun dies, indem wir ihren Milchwert, den Wert in der Nemrechnung, bestimmen. Die Rohrzuckerlösung, welche der Milch zu gleichen Teilen zugesetzt wurde, ist eine 17 proz., enthält also in 100 g 17 g Zucker; 1 g Zucker hat den Nahrungswert von 6 g Milch, von 6 Nem, 17 g Zucker haben den Wert von 102, rund von 100 Nem. Die 17 proz. Zuckerlösung ist eine „Gleichnahrung", eine mit der Milch an Brennstoff gleichwertige Flüssigkeit (S. 20). Wir können daher die Gesamtflüssigkeitsmenge von 600 g als Milchwert der Nahrung einsetzen und durch die Darmoberfläche dividieren. Die Sitzhöhe (18. VII.) betrug 34 cm, folglich die Darmlänge 340 cm, die Darmbreite 3,4 cm, die Darmoberfläche 1156 qcm. 600: 1156 = 0,52. Wir erhalten einen Milchwert von 0,52 g, oder 0,52 Nem, rund $^5/_{10}$ Nem pro Quadratzentimeter Darmfläche.

3. Ende des 1. Lebensjahres. Milch und Beikost.

Ein weiteres Beispiel, in dem die Flüssigkeitsmenge nicht identisch mit dem Milchwerte ist:

Das Ammenkind Alois Ch., geb. am 24. XII. 1915, nimmt vom 10. bis 19. VIII. 1916 folgende Mengen an der Brust der Mutter zu sich: 970, 950, 860, 900, 880, 860, 750, 820, 980, 1030; in Summa 9000 g Frauenmilch in 10 Tagen, also 900 Nem pro Tag. Dazu kam noch täglich 75 g Grießbrei und 50 g Suppe.

Der Grießbrei ist aus Grieß, Kuhmilch und Zucker als eine Doppelnahrung zubereitet, enthält in 1 g 2 Nem, in 75 g 150 Nem. Die Suppe ist Bouillon, Zehntelnahrung, die in 1 g nur 0,1 Nem enthält, also in 50 g 5 Nem.

Die Gesamtnahrung pro Tag beläuft sich mithin auf 900 Nem Frauenmilch, 150 Nem Grießbrei und 5 Nem Bouillon, in Summa auf 1055 Nem.

Die Darmoberfläche ist aus der Sitzhöhe von 45 cm zu erschließen, 450 × 4,5 cm = 2025 qcm. Auf den Quadratzentimeter entfallen 0,52 Nem oder wieder rund $^{5}/_{10}$ Nem. Dabei wurde in 10 Tagen eine Zunahme von 8920 g auf 9050 g, mithin von 13 g pro Tag erreicht.

4. Zweijähriges Kind. Gemischte Kost.

Gegen Ende des zweiten Lebensjahres macht die Milch als solche einen noch geringeren Anteil an der Gesamtnahrung aus:

Anna B., geb. 6. II. 1914, nahm vom 21. XI. bis 30. XI. 1915 täglich 900 g Kuhrog (Kuhmilch mit gleichen Teilen einer 17%igen Rohrzuckerlösung als Gleichnahrung), 150 g Grießbrei, 100 g dünne Suppe und 60 g Brot.

Die Rechnung beträgt:

450 g Kuhmilch	Nem 450
450 g 17 proz. Rohrzuckerlösung . . .	„ 450
150 g Grießbrei (Doppelnahrung) . . .	„ 300
100 g dünne Suppe (Halbnahrung) . .	„ 50
60 g Brot (1 g = 3,3 n)	„ 200
	Nem 1450

Die Messung der Sitzhöhe am 6. XII. ergab 52,5 cm. Die Darmfläche kann daher mit 2760 qcm angenommen werden; sie ist viermal größer als bei der Frühgeburt, die ich als erstes Beispiel angeführt habe. Auf einen Quadratzentimeter entfallen 1450: 2760 = 0,527 Nem oder rund 5 Decinem.

Bei dieser Nahrungsmenge erfolgte eine Zunahme von 12 600 auf 13 150 g, also von 55 g pro Tag.

Ich nehme dasselbe Kind nochmals im Alter von 30 Monaten vom 17. bis 26. VIII. 1916. Die Nahrung in diesen 10 Tagen betrug insgesamt:

		1 g = n	
Kuhmilch	3000 g	1,0	3000 n
17 proz. Rohrzuckerlösung .	3000 g	1,0	3000 n
Grießbrei	1500 g	2,0	3000 n
Brot (Mischbrot)	1500 g	3,3	5000 n
Suppe, dünne.	1000 g	0,5	500 n
Kartoffel	600 g	1,25	750 n
Obst (Pflaumen)	1330 g	0,67	890 n
Fleisch, zubereitet.	240 g	2,5	600 n
			16,740 n

Die Sitzhöhe war 55,5 cm, die Darmfläche daher 3090 qcm. Auf einen Quadratzentimeter kamen 1674 : 3090 = 0,54 Nem oder rund wiederum $^{5}/_{10}$ Nem. Bei dieser Nahrungsmenge erfolgte keine Gewichtsveränderung, das Gewicht blieb auf 15 000 g.

5. Älteres Kind. Gemischte Kost in Hektonem-Portionen.

Älteren Kindern wird die Nahrung in Portionen von 100 Nem gegeben; bei Nahrungsmitteln, welche mit der Milch gleichwertig sind, wiegt eine solche Portion 100 g, bei doppelwertigen, wie Grießbrei, 50 g, bei fünfwertigen, wie Zwieback, 20 g usw. Es wird die Anzahl der Hektonem, nicht das Gewicht der aufgenommenen Nahrung gezählt.

Karl V. 10 Jahre. Körperlich gesundes Kind; zur Beobachtung seines Geisteszustandes aufgenommen am 24. XII. 1915. Die Ernährung wird kontrolliert bis 1. II. 1916.

In der 10tägigen Periode vom 22. bis 31. I. 1916 verzehrte das Kind folgende Nahrungsmengen in Hektonem:

Kuhmilch, unverdünnt . .	2	Suppe.	17
Kuhmilch mit Rohrzuckerlösung und diversen Zusätzen	48	Fleisch	15
		Fisch	3
		Speck.	3
Milchspeise	12	Kohl, Kraut, Spinat . . .	30
Mehlspeise.	20	Kartoffelbrei	14
Brot	76	Karotten	6
Kompott	9	Zuckerrüben.	4
Butter	4	Käse	1
Zucker	17	Wurst	1

Der Milchwert dieser 282 Portionen war der von 28 200 Nem oder von ungefähr 28 l Milch; auf den einzelnen Tag fielen 2820 Nem.

Die Sitzhöhe des Knaben betrug 66 cm; dementsprechend wäre die Darmlänge 660 cm, die Darmfläche 4360 qcm; von der aufgenommenen Nemzahl fällt auf den Quadratzentimeter Darm 0,646 Nem.

Das Quadrat der Sitzhöhe, das ich als Maß der Darmfläche annehme, wird nach der S. 49 mitgeteilten Nomenklatur Siqua genannt. Es fallen also auf den Quadratzentimeter Siqua 0,646 Nem oder rund 6 Decinem. Ich verwende für dieses Verhältnis den kurzen Ausdruck: die Nahrungsaufnahme beträgt 6 Decinem Siqua. Dabei wurde eine gute Zunahme (von 23,4 auf 24,0 kg) erzielt, 60 g pro Tag.

Ich bin in meinen Beispielen von der reinen Milchernährung zu der gemischten Kost übergegangen, in der die Milch nur mehr eine geringe Rolle spielt. Damit glaube ich auch die praktische Verwendbarkeit der „Nahrungseinheit Milch" für den Kinderarzt gezeigt zu haben. In der Tat ist ja auch diese Nahrungseinheit aus der Praxis der Kinderernährung entstanden.

Die bisher angeführten Beispiele wiesen fast durchweg Ernährungsmengen von 0,5 bis 0,6 g Milch pro Quadratzentimeter Darmfläche, oder, nach dem kurzen Ausdrucke, von 5—6 Decinem Siqua auf. Ich will nun noch ein Beispiel von außerordentlich hoher Nahrungsaufnahme geben.

6. Erwachsene Frau.

Anna G., 20 Jahre, Amme. Die Ernährung wurde durch Schick vom 4. I. 1916 bis Februar 1917 beobachtet.

Vom 8. VIII. bis 17. VIII. betrug die Nahrungsaufnahme in Summa 671 Hektonem:

Kuhmilch, unverdünnt	60	Kohl, Spinat	34
Kuhmilch mit Zuckerlösung und Zusätzen	206	Kartoffeln	21
Mehlspeise	75	Käse	27
Brot	70	Reis	4
Zucker	40	Hülsenfrüchte	17
Suppe	39	Ei	20
Fleisch	47	Marmeladen	11

Das Körpergewicht blieb fast unverändert um 58,5 kg. Die Sitzhöhe betrug 82 cm, die Darmfläche (Siqua) 6740 qcm. In 10 Tagen wurden 67 100 Nem, also in einem Tage 6710 Nem verzehrt, das macht pro Quadratzentimeter Darmfläche 1 n oder mit anderen Worten, 10 Decinem Siqua.

Diese hohe Nahrungsaufnahme bei gleichbleibendem Körpergewicht findet ihre Erklärung in der Milchabgabe; die Amme gab in diesen 10 Tagen 19 300 g Milch ab, davon 9200 an ihr eigenes Kind, 10 100 wurden abgespritzt.

7. Erwachsener Mann.

Zum Schluß bringe ich noch das Beispiel eines erwachsenen Mannes:

Johann K., 21 Jahre (verwundeter Soldat), der vom 19. III. bis 7. IV. folgende Nahrungsaufnahme in Hektonem aufwies:

19. III.	20	21	22	23	24	25	26	27	28	29	30	31	1. IV.	2	3	4	5	6	7
31	26	32	40	34	34	40	40	47	36	39	41	35	34	38	34	32	29	33	32.

Die tägliche Nahrungsaufnahme variierte also zwischen 26 und 47 Hektonem; im ganzen betrug sie in der 20tägigen Periode 707 hn, also durchschnittlich pro Tag 35,4 hn. Das Gewicht des Patienten blieb unverändert bei 46,0 kg.

Die Sitzhöhe betrug 86 cm, die Darmfläche mithin 7800 qcm. Auf den Quadratzentimeter kommen 3540 : 7800 = 0,478, also rund $^5/_{10}$ Nem.

Vergleichen wir dieses letzte Beispiel mit dem ersten Beispiele. Dort hat das frühgeborene Kind bei einem Körpergewicht von 1800 g (in der 2. Periode) eine Tagesmenge von 360 g Milch aufgenommen; die Tagesnahrung betrug also 20 Prozent des Körpergewichtes. Hier hat der Erwachsene bei einem Körpergewichte von 46 kg den Nahrungswert von 3540 g Milch aufgenommen, also einen Milchwert, der nur 7,7% des Körpergewichtes entspricht.

Der Säugling hat also, dem Körpergewichte nach, dreimal so viel Nahrungswert aufgenommen als der Erwachsene. Wenn wir aber den aufgenommenen Nahrungswert mit der Darmfläche vergleichen, so ist die Beanspruchung der Verdauungsorgane in beiden Fällen die gleiche. Die Nahrungsmenge des Erwachsenen beträgt ungefähr zehnmal so viel als die des Neugeborenen (3540 : 360 n), aber auch die Darmfläche ist zehnmal so groß (7800 : 757 qcm).

Auf den Quadratzentimeter kommt daher fast der gleiche Milchwert: beim Säugling 0,475 und beim Erwachsenen 0,478 g Milch.

Beweisführung.

Es kam mir nun zunächst darauf an, an einem großen Material den Beweis für meine Voraussetzung zu erbringen, daß die Nahrungsaufnahme von der Größe der Darmfläche abhängig ist.

Zu diesem Zwecke wurden eine große Zahl von Neugeborenen (durch B. Schick), von Säuglingen und Kindern bis zu 14 Jahren und eine kleine Zahl von Erwachsenen (Rekonvaleszenten, Soldaten, Pflegerinnen und Ammen, durch B. Schick) an meiner Klinik einer genauen Beobachtung der spontan aufgenommenen Nahrungsmenge unterworfen.

Die Registrierung der Nahrungsaufnahme geschah nach den in den einzelnen Beispielen angeführten Methoden. Die Beobachtungszeit, welche durchschnittlich einige Wochen, in manchen Fällen viele Monate betrug, wurde dann in übersichtlichen Tabellen zusammengestellt, in einzelne Perioden von ungefähr 10tägiger Dauer abgeteilt und aus dem Durchschnitt der in der Periode erfolgten Nahrungsaufnahme die Berechnung auf den Quadratzentimeter des Sitzhöhequadrates, der supponierten Darmfläche vollzogen.

Die Beschreibung dieser Versuche, welche auch der Körpergewichtszunahme Rechnung tragen — das Körpergewicht wurde täglich bestimmt — werde ich im zweiten Bande des Systems der Ernährung geben.

Die Ergebnisse dieser Versuche wurden dann wieder tabellarisch im großen zusammengefaßt und daraus auf die Gesetze der spontanen Nahrungsaufnahme Schlüsse gemacht.

Entsprechend den aufgestellten Gesetzen wurde nun die Probe aufs Exempel gemacht, indem in der darauffolgenden Zeit die Versuchskinder nicht mehr die freigewählte Nahrungsmenge, sondern eine individuell vorgeschriebene Nahrungsmenge erhielten. Erst nach dieser praktischen Bewährung der theoretisch herausgefundenen Ernährungsmethoden gehe ich an die Veröffentlichung der praktischen Leitsätze (S. 94).

Weiter war es notwendig, meine Ergebnisse und Methoden mit den Daten in Verbindung zu bringen, welche von Physiologen, von Kinderärzten und besonders von Landwirten über die Ernährung von Mensch und Tier gesammelt waren.

Zu diesem Zwecke ging ich auf meinen ursprünglichen theoretischen Ausgangspunkt zurück, den ich bisher noch nicht erwähnt habe, um die Darstellung nicht zu verwirren, auf die Beziehung der Nahrungsmenge zur Zweidrittelpotenz des Gewichtes. Das nächste Kapitel ist der Erklärung dieser Beziehung gewidmet.

Zusammenfassung.

Beim Menschen kann das Quadrat der Sitzhöhe als Maß der resorbierenden Darmfläche gelten.

Die Beziehung zwischen Nahrung und Darmfläche wird dadurch ermittelt, daß die Tagesnahrung, in Nemwert ausgedrückt, durch das Quadrat der Sitzhöhe dividiert wird.

Die Division der spontan aufgenommenen Tagesnahrung durch das Sitzhöhequadrat bei einer großen Zahl von Versuchsperioden ermöglichte es, einfache Gesetze aufzustellen, welche sich dann bei der Gegenprobe, der willkürlichen Bestimmung der aufzunehmenden Nahrungsmenge, praktisch bewährt haben.

Körpergewicht und Darmfläche.

Die beiden physiologisch-mathematischen Lehrsätze, die sich auf die Sitzhöhe — die Entfernung zwischen Sitzfläche und Scheitelhöhe eines aufrecht sitzenden Menschen — beziehen, können mit einander in Verbindung gebracht werden, um eine direkte Beziehung zwischen Körpergewicht und Darmfläche erschließen.

1. Beim muskelkräftigen Erwachsenen und beim fetten Säugling ist das Körpergewicht ungefähr gleich dem Zehntel des Gewichtes eines Wasserwürfels, welcher die Sitzhöhe als Seite hat. (S. 64.)

2. Die Darmfläche des Menschen ist ungefähr gleich dem Quadrate seiner Sitzhöhe. (S. 74.)

Gleichung 1. $\text{Sitzhöhe}^3 = 10 \text{ Gewicht}$

Gleichung 2. $\text{Sitzhöhe}^2 = \text{Darmfläche}.$

Wir berechnen die Sitzhöhe aus Gleichung 1 und setzen sie in Gleichung 2 ein.

$$\text{Sitzhöhe} = (10 \text{ Gewicht})^{1/3}$$

$$(10 \text{ Gewicht})^{1/3 \cdot 2} = \text{Darmfläche}$$

$$\text{oder: Darmfläche} = (10 \text{ Gewicht})^{2/3}$$

Beim muskelkräftigen Erwachsenen und beim fetten Säugling ist die Darmfläche ungefähr gleich der zweiten Potenz der dritten Wurzel des zehnfachen, in Gramm angegebenen Körpergewichtes.

Nehmen wir ein praktisches Beispiel. Ein Mann hat 90 cm Sitzhöhe und das entsprechende Normalgewicht von

$$(90 \times 90 \times 90 : 10) \text{ g} = 72\,900 \text{ g oder } 72{,}9 \text{ kg}.$$

Wir können nun die Darmfläche aus der Sitzhöhe bestimmen:

$$\text{Darmfläche} = \text{Sitzhöhe}^2 = 90\ \text{cm} \times 90\ \text{cm} = 8100\ \text{qcm}.$$

Oder wir bestimmen sie aus dem Gewichte: Das zehnfache Gewicht beträgt 729 000 g. Daraus ist die dritte Wurzel 90 Zentimeter (nachdem Gramm und Kubikzentimeter als gleich angenommen sind), und das Quadrat davon ist wieder 8100 qcm.

Auf dem Rechenschieber (S. 64) brauchen wir die Zwischenrechnung der Kubikwurzel gar nicht auszuführen, sondern können direkt die $^2/_3$-Potenz ablesen. Wir stellen den Faden des Steges in der obersten Reihe (3. Potenz) auf die Gewichtszahl ein, wobei das rechte Ende des Schiebers als 100 kg, das linke als 100 g (bzw. wieder 100 kg) gilt. Dann zeigt uns der Faden in der unmittelbar darunterliegenden Reihe (2. Potenz), den Wert $(10\ \text{Gewicht})^{2/3}$.

Der Wert $(10\ \text{Gewicht})^{2/3}$ heißt in meiner Nomenklatur Geliqua (siehe S. 49). Gi ist das Gewicht, Ge das zehnfache Gewicht, li linear angewendet und zwar durch Ziehen der dritten Wurzel, **qua** zum Quadrat erhoben.

Siqua, Sitzhöhe quadratisch, und Geliqua, sind also beim muskelkräftigen Erwachsenen und beim fetten Kinde gleich. Beim abgemagerten Menschen stimmt die Rechnung nicht. Da ist das Gewicht kleiner als 10 Sitzhöhe^3. Wenn wir die Darmfläche aus dem Gewicht bestimmen wollen, bekommen wir hier eine zu kleine Zahl für die Darmfläche. Tatsächlich nimmt ja bei der Abmagerung des Menschen die Darmfläche nicht ab, wenn auch Muskulatur oder Fettgehalt des Unterhautzellgewebes schwindet. Und umgekehrt erhalten wir einen zu hohen Wert für die Darmfläche, wenn wir die Rechnung aus einem durch viel Fett belasteten Körper machen.

Nehmen wir wieder den Mann von 90 cm Sitzhöhe mit seinem Normalgewicht von 73 kg. Wenn dieser Mann um 20 kg abmagert, so wird sein Darm deswegen ebensowenig kürzer wie seine Sitzhöhe, und die Darmfläche wird nicht kleiner. Aber in der Berechnung der Darmfläche aus dem Körpergewicht hätte er jetzt nur $(530\,000)^{2/3} = 6540$ qcm Darmfläche gegen die aus der Sitzhöhe berechneten 8100 qcm. Und wenn er 20 Kilo Fett über sein Normalgewicht ansetzt und nun 93 kg wiegt, so wird die Rechnung $(930\,000)^{2/3} = 9500$ qcm ergeben.

Diese Rechnung ist also ungenau. Unphysiologischer und ungenauer als die Bestimmung aus der Sitzhöhe. Aber erinnern wir uns, daß auch diese ungenau ist, daß auch hier zwischen dem ausgedehnten Darm und dem ungedehnten Darm ein recht willkürliches Mittel gewählt wurde, und erinnern wir uns, daß eine vollständige Exaktheit in der Ernährungsphysiologie unfruchtbar, ja gar nicht durchzuführen ist.

Trotz dieser Ungenauigkeit erlaube ich mir für die allgemeine Besprechung zunächst die Annahme zu machen, daß bei allen Menschen das Gewicht gleich einem Zehntel des Kubus der Sitzhöhe wäre, und daß dementsprechend die Darmfläche aus der $^2/_3$-Potenz des 10fachen Gewichtes zu berechnen wäre. Und zweitens erlaube ich mir die Annahme, daß dieses letztere Verhältnis auch bei allen Säugetieren gilt.

Dem ist einerseits einzuwenden, daß bei den Carnivoren der Darmkanal und damit auch die resorbierende Fläche des Dünn- und Dickdarmes kleiner ist als bei den Herbivoren; und andererseits, daß beim fetten Tiere, wie z. B. beim Schwein, das für die Größe des Darmkanals bedeutungslose Fettgewicht ungleich mehr ausmacht als z. B. bei der Ratte. Ich kenne diese Einwände und bitte mich nicht mißzuverstehen: die Gleichung Darmfläche $= (10\,\text{Gewicht})^{2/3}$ soll keine exakte Geltung haben, sondern nur eine ungefähre Vorstellung von der resorbierenden Fläche vermitteln.

Bei einem Gewichte von 100 kg (großer Mann) ist die resorbierende Fläche ungefähr gleich 10 000 qcm oder einem Quadratmeter. Beim Gewichte von 3,16 kg (Neugeborener) ist sie ein Zehntel Quadratmeter, beim Gewichte von 100 g (Maus) ist sie ein Hundertstel Quadratmeter, während die größten Haustiere, die Rinder bei einem Gewicht von 800 kg, eine resorbierende Fläche von 4 qm besitzen.

Nun untersuchen wir wieder — wie ich es im 4. Kapitel für die menschliche, aus der Sitzhöhe berechnete Darmfläche getan habe — die Nahrungsmenge, welche in der Reihe der Säugetiere auf jeden Quadratzentimeter der resorbierenden, diesmal aus dem Gewichte erschlossenen Darmfläche entfällt.

Ich habe dort angedeutet, daß die Nahrungsmenge einerseits von der Größe der Darmfläche, und andererseits von der Funktion des lebenden Organismus abhängig ist, und daß sie beim Menschen nach dem für die augenblickliche Funktion berechneten Nahrungsüberschuß sehr beträchtlich variiert. Wir müssen also Nahrungsmengen nehmen, welche ungefähr derselben Funktion entsprechen. Ich wähle dazu die Funktion der einfachen Lebenserhaltung ohne körperliche Arbeit und ohne Gewichtszunahme.

Neben drei Beispielen aus der Praxis der menschlichen Ernährung habe ich, um extreme Zahlen zu gewinnen, als kleinstes Tier eine Ratte und als größtes Tier einen Ochsen ausgewählt.

Die Nahrung wurde in allen Fällen auf dasselbe Maß zurückgeführt, auf Nem, wobei für die Ratte 1 reine Calorie mit 1,5 Nem, für den Ochsen 1 g Stärkewert (Kellner) mit 6,0 Nem übersetzt wurde.

1. Ratte, aus Untersuchungen von Völtz[1]). Das Tier nahm in einer Periode von 21 Tagen durchschnittlich pro Tag

4,17 g Hefe	18,65
1,04 g Zucker	4,13
7,31 g Stärke	24,82
	47,60 Rohcalorien.

Der Verlust im Kot betrug 13,9% der Calorien, im Urin 4,8%; es wurden also 81,3% der Calorien ausgenützt, was 38,7 Reincalorien ergibt. Diese werden mit 1,5 Nem berechnet; es ergibt sich eine Nahrungsaufnahme von 58 Nem pro Tag.

Das Körpergewicht betrug am Anfang des Versuches 176,1 g, am Ende 186,1 g, das Durchschnittsgewicht 181,1 g. Die tägliche Zunahme von 0,48 g (10 g in 21 Tagen) kann vernachlässigt werden.

2. Kind H., Minna, geboren am 13. XII. 1914. Zartes, aber gesundes Mädchen in der 2. Lebenswoche. Körpergewicht in der 10tägigen Periode, in welcher keine Zunahme erfolgte, 2200 g. In 10 Tagen wurden 3330 g abgespritzte Frauenmilch und 26 g Kuhmilch aufgenommen, also ein Milchwert von 336 Nem pro Tag.

3. M., Rosa, $6^{7}/_{12}$ Jahre, lebhaftes Kind, körperlich gesund. In der 10tägigen Periode vom 28. XII. 1915 bis 6. I. 1916 betrug das Gewicht 18,4 kg, die Nahrung durchschnittlich 1970 Nem pro Tag.

4. Schw. A., Krankenpflegerin, 31 Jahre. (Aus den Untersuchungen B. Schicks an meiner Klinik.) In der 270tägigen Beobachtungsperiode kehrte das Gewicht nach einigen Schwankungen zum Anfangsgewicht von 61,4 kg zurück. Die täglich bestimmte Nahrung betrug im Durchschnitt 3063 Nem pro Tag.

5. Ochse. Aus den Untersuchungen von G. Kuhn[2]) wurde Ochse Nr. III gewählt, welcher bei einer Tagesration von 4,5 kg Kleeheu und 4,5 kg Haferschrot bei Stallruhe sein Gewicht von 632,1 kg ungefähr erhalten hatte. (Täglicher durchschnittlicher Ansatz von 139 g „Körperfett“ und gleichzeitig Verlust von 54 g „Fleisch“.)

An Nährstoffen verdaute das Tier auf 1000 kg Lebendgewicht 0,35 kg Eiweiß, 0,1 kg Rohfett, 3,53 kg stickstofffreie Extraktstoffe und 2,65 kg Rohfaser, was Kellner mit einem Produktionswert von 1 kg summiert. Dies bedeutet einen

[1]) Über die Verwertung der Hefe als Nährmittel für Mensch und Tier. Die Naturwissenschaften 47, IV, 1916 vom 24. XI. 16.

[2]) Landw. Versuchsstationen. 44. Bd. 1894. S. 257 mitgeteilt bei Kellner, Die Ernährung der landwirtschaftlichen Nutztiere. S. 416. (Stoffwechseluntersuchungen unter Benutzung des Pettenkoferschen Respirationsapparates.)

Stärkewert von 4 kg, und einem Nemwert von 24 000 n auf 1000 kg Körpergewicht, also von 15 200 n auf das Lebendgewicht von 632,1 kg.

	Körpergewicht g	Tagesnahrung n	Tagesnahrung durch Gewicht. Auf 1 kg n	Darmfläche (10 Gewicht)$^{2/3}$ qcm	Tagesnahrung durch Darmfläche. Auf 1 qcm n
Ratte	181	58	320	148	0,392
Neugeboren. Kind	2 200	336	152	784	0,429
6jähriges Kind .	18 400	1 970	107	3 230	0,610
Erwachs. Mensch .	61 400	3 063	50	7 230	0,423
Ochse	632 100	15 200	24	34 200	0,445
Höchste und niedrigste Zahl	181 : 632 000	58 : 15 200	24 : 320	148 : 34200	0,392 : 0,610
Verhältnis	1 : 3500	1 : 261	1 : 13,3	1 : 231	1 : 1,56

Gehen wir nun den Vergleich im einzelnen durch. Das kleinste und das größte Säugetier der Reihe unterscheiden sich dem Gewichte nach außerordentlich. Der Ochse mit seinen 632 kg ist 3500 mal so schwer als die Ratte, die nur 181 g wiegt. Ist seine Tagesnahrung nun auch 3500 mal größer, als die der Ratte? Nein, denn er verzehrt nur 15 200 Nem, während die Ratte 58 Nem zu sich nimmt; das ist nach dem absoluten Gewichte nur 261 mal so viel als das kleine Tier. Die Tagesnahrung auf das Körpergewicht bezogen, beträgt bei der Ratte 320 Nem auf das Kilogramm; die Ratte würde also, wenn ihre Nahrung nur aus Milch bestünde, ein Drittel ihres Körpergewichtes pro Tag zu sich nehmen müssen. Beim Ochsen fällt auf 1 kg Gewicht nur die Nahrungsmenge von 24 Nem; er nimmt also an Milchwert nur ein Vierzigstel seines Gewichtes als Tagesnahrung zu sich.

Die nächste Rubrik ist die aus dem Gewicht berechnete Darmfläche. Sie ist bei der Ratte 148 qcm, beim Ochsen 34 200 qcm. Auf 1 g Körpergewicht kommt bei der Ratte fast 1 qcm Darmfläche, während beim Ochsen erst 20 g Körpergewicht einem qcm Darmfläche entsprechen. Das können wir uns bei Betrachtung von Würfeln versinnbildlichen. Die Darmfläche würde der Grundfläche des Würfels entsprechen. Ein Würfel von 1 cm Seitenlänge hat — beim spezifischen Gewicht 1 — ein Gewicht von 1 g und dabei eine Grundfläche von 1 cm $\times$ 1 cm = 1 qcm; ein Würfel von 100 cm Seitenlänge hat eine Grundfläche von 100 cm $\times$ 100 cm = 10 000 qcm und ein Gewicht von 100 $\times$ 100 $\times$ 100 = 1 000 000 g. Auf 1 g Gewicht kommt dort 1 qcm, hier 100 qcm Grundfläche.

Wenn wir nun die Rubrik 2 (Tagesnahrung) mit Rubrik 4 (Darmfläche) vergleichen, so fällt uns auf, daß die Differenzen zwischen der größten und der kleinsten Zahl — Ochs und Ratte — sehr gering sind. Die Darmfläche des Ochsen ist 231 mal größer als die der Ratte, und seine Tagesnahrung ist 261 mal größer. Eine Bestätigung bringt die 5. Rubrik, in welcher ausgerechnet ist, wieviel Tagesnahrung auf jeden Quadratzentimeter Darmfläche kommt.

Wir stellen uns hier wieder (siehe S. 75) die Darmfläche als ein Filter vor, auf welches die Tagesnahrung aufgegossen wird, und wollen berechnen, wieviel Gramm Milchwert von jedem Quadratzentimeter resorbiert werden müssen.

Wenn wir die Tagesnahrung in der Form von Milch auf das Filter der Darmfläche ausgießen, so wird, wenn ebensoviel Gramm Milch gegeben werden, als das Filter Quadratzentimeter faßt, auf jedem Quadratzentimeter Darmfläche ein Gramm Milch — oder, wenn wir das Gewicht der Milch rund mit 1 annehmen — ein Kubikzentimeter kommen. Die Flüssigkeit auf dem ganzen Filter wird 1 cm hoch stehen.

Wenn die Ratte bei ihrer Darmfläche von 148 qcm einen Milchwert von 148 n genommen hätte, so würde die Milch auf dem supponierten Filter 1 cm hoch stehen; die Ratte nahm tatsächlich einen Milchwert von 58 Nem, also 58 : 148 auf jeden Quadratzentimeter zu sich. Das gibt 0,392 Nem pro Quadratzentimeter oder rund 0,4 g Milch. Die Flüssigkeit würde 4 mm hoch auf dem Filter stehen.

Und ebenso kommen beim Ochsen 15 000 n auf 342 000 qcm, oder 0,445, wieder rund 4 Decinem auf jeden einzelnen Quadratzentimeter.

Hierin sind die Werte von Ochs und Ratte fast identisch, während sie bisher so große Differenzen aufgewiesen hatten. Der Neugeborene und der erwachsene Mensch schließen sich auch dem Werte 4 an, das 6 jährige Kind liegt etwas höher bei 6 Decinem pro Quadratzentimeter. In diesem Lebensalter ist für die Muskelbewegungen ein Nahrungsüberschuß notwendig.

Der Satz, den ich im vorigen Kapitel für die aus der Sitzhöhe errechnete Darmfläche des Menschen ausgesprochen habe, gilt also auch für die aus dem Gewicht berechnete Darmfläche und für die ganze Säugetierreihe:

Die Nahrungsmenge entspricht ungefähr der Darmfläche.

Dadurch, daß die Darmfläche hier aus dem Gewicht berechnet wird, komme ich zu einer Betrachtungsweise, die eine enge Beziehung zum energetischen Oberflächengesetz Rubners hat. Beide Betrachtungsweisen gehen von Flächen aus, die aus dem Körpergewicht mathematisch erschlossen werden; nur daß Rubner die Ausstrahlung von Wärme durch die äußere Hautoberfläche als Vergleichsmoment nimmt, während ich die Aufnahme von Nahrungsbrennstoff durch die innere Oberfläche verwerte.

Bei der Berechnung der Darmfläche aus dem Gewicht begnüge ich mich für alle Tierspezies mit der Annäherungsformel Geliqua = (10 Gewicht)$^{2/3}$, während Rubner die äußere Hautfläche jeder Tierspezies durch die Multiplikation mit einem eigenen Faktor näher zu bestimmen sucht.

Zwischen der Vierordt-Meehschen Formel, die für den Menschen als erste Oberflächenformel berechnet wurde und die auch Rubner benützt, und meiner Darmflächenformel besteht folgende Beziehung:

Hautfläche Vierordt-Meeh = 12,3 Ge$^{2/3}$
Darmfläche Geliqua = (10 Ge)$^{2/3}$

Die beiden verhalten sich zueinander wie

$$12{,}3\ \text{Ge}^{2/3} : 10^{2/3}\ \text{Ge}^{2/3} = 12{,}3 : 4{,}65 = 1000 : 378 = 265 : 100.$$

Die Hautoberfläche ist beim Menschen ungefähr $2^1/_2$ mal so groß als die Darmfläche; aus der Darmfläche läßt sich die Hautfläche durch Multiplikation mit 2,65 berechnen, und aus der Hautfläche die Darmfläche durch Division mit dieser Zahl oder durch Multiplikation mit 0,378.

Wenn für die Hautfläche des Schweines die Konstante mit 9,02 angenommen wird (Rubner), so wäre hier das Verhältnis 9,02 : 4,65 = 1000 : 515 = 194 : 100. Und für das Kaninchen wäre die Formel mit K = 12,9, wie sie E. Voit gebraucht, 12,9 : 4,65 = 1000 : 360 = 278 : 100. Nach Pfaundlers Konstante 13,36 lautet das Verhältnis für das Kaninchen 13,36 : 4,65 = 1000 : 348 = 287 : 100. Beim Schweine wäre mithin die Hautfläche nicht ganz doppelt, beim Kaninchen fast dreimal so groß als die Darmfläche.

Die Geschichte des energetischen Oberflächengesetzes hat jüngst M. v. Pfaundler[1]) ausführlich und kritisch behandelt.

Ich entnehme seinen Ausführungen, daß als erster Rameaux im Jahre 1838 die These aufgestellt haben soll, daß die Wärmeproduktion der zweiten Potenz aus der dritten Wurzel des Gewichtes (in meiner Nomenklatur dem Giliqua) entspricht.

Unabhängig von ihm ist Bergmann 1847 in seiner Abhandlung „Über die Verhältnisse der Wärmeökonomie der Tiere und ihrer Größe" von dem Gedanken ausgegangen: „Die Körperoberfläche bestimmt

[1]) Körpermaßstudien an Kindern, Berlin, J. Springer, 1916.

ceteris paribus die Wärmeverluste.“ Diese Auffassung, daß der tierische Körper als eine passive Masse in die Umgebung Wärme ausstrahlt, ist auch den weiteren Bearbeitern dieses Themas geblieben. Vierordt 1881 hat sich bemüht, die Größe der Oberfläche exakt festzustellen, und Rubner hat seit 1883 durch zahlreiche Versuche das Gesetz des Zusammenhanges zwischen Körperoberfläche und Wärmeabgabe genau zu beweisen gesucht. Pfaundler bringt eine eingehende und interessante Kritik dieser Zusammenhänge, wobei er besonders beanstandet, daß die Versuche mit Kaninchen nicht für die Gültigkeit des Gesetzes sprechen: diese zeigen nämlich eine viel geringere Wärmeabgabe, als ihrer Hautoberfläche entsprechen würde. Die Erklärung Rubners, daß bei den Kaninchen die langen Ohren nicht bei der Wärmeabgabe beteiligt sind, durchbricht nach Pfaundler das ganze Gesetz.

Pfaundler neigt den Ansichten H. v. Hösslins[1]) zu, welcher zeigte, daß die Hautoberfläche selbst als Maß des Energieumsatzes nicht in Betracht kommen könne und nachwies, daß der Umsatz des ganzen Körpers mit der $^2/_3$-Potenz des Gewichtes parallel geht. Der Sauerstoffverbrauch ist proportional der durch den Körper zirkulierenden Sauerstoffmenge. Diese hat Beziehungen zum Lumen der Blutgefäße eines Körperquerschnittes und dieser wieder ist bei homologem Bau des Gefäßbaumes proportional mit der $^2/_3$-Potenz des Gewichtes. Auch die Höhe der Nahrungszufuhr geht der ideellen Darmoberfläche, diese aber wieder dem Körperquerschnitt, also der $^2/_3$-Potenz des Gewichtes, parallel.

Ohne Hoesslins Arbeiten zu kennen, war ich aus dem Vergleiche von Pulsfrequenz und Körpergewicht auf ganz ähnliche Anschauungen bezüglich der $^2/_3$-Potenz des Gewichtes gekommen. Ich faßte die schönen Daten von Voit und Rubner im allgemeinen Sinne der $^2/_3$-Potenz auf, statt mich an den konkreten Begriff der Hautoberfläche zu halten und suchte nach einem Flächenbegriff, der leichter zu fassen und in engerer Beziehung zur Ernährung wäre als die Hautoberfläche. Die Fläche mußte sich in einfacher Weise aus der Sitzhöhe, deren Beziehung zum Körpergewicht ich festgestellt hatte, berechnen lassen, um die umständliche mathematische Operation, das Ziehen einer dritten Wurzel, zu vermeiden.

---

[1]) „Über die Ursache der scheinbaren Abhängigkeit des Umsatzes von der Größe der Körperoberfläche.“ Archiv f. Anat. u. Physiol. 1888.

Diese Postulate ließen sich für den Menschen erreichen, als ich auf die Befunde Hennings stieß, daß beim Kinde und erwachsenen Menschen die Darmlänge mit der 10fachen Sitzhöhe gleich sei. Damit war die Möglichkeit gegeben, durch eine einfache Quadrierung der Sitzhöhe zu einem für die Nahrungsaufnahme höchst wichtigen Flächenbegriff zu gelangen, wenn die Darmbreite einigermaßen sich verwenden ließ. Da diese in ihrem Verhältnis zur Länge etwa zwischen 0,5 und 1,5% schwankt, ließ sich durch Annahme eines mittleren Füllungszustandes mit einem Verhältnis von Länge zu Breite wie 100 : 1 die einfache Formel Darmfläche = Sitzhöhequadrat erreichen.

Gern hätte ich das Sitzhöhenmaß — bzw. einen analogen Abschnitt der Wirbelsäule — auch in der Tierwelt verwendet. Aber die praktischen Versuche waren nicht günstig.

Bei den kleinen Tieren wie Meerschweinchen, Kaninchen, Ratten ist es die Krümmung des hinteren Teiles der Wirbelsäule, die aus Angst erfolgte Einziehung der Kreuz- und Steißgegend, die eine exakte Messung unmöglich macht, und bei den großen Tieren, wie Kühen, Pferden, Schafen, erschwert wieder die Einziehung oder Streckung der Halswirbelsäule die Messung. Bei den großen Tieren läßt sich der Brustumfang bis zu einem gewissen Grade an die Stelle der Sitzhöhe setzen, dieses Maß hat aber den Nachteil, daß es von dem Fleisch- und Fettansatz stark abhängig ist.

Für den Vergleich zwischen Tier und Mensch, sowie für den Vergleich meiner eigenen Ergebnisse mit denen anderer Autoren, welche nicht die Sitzhöhe, sondern nur das Gewicht bestimmt hatten, war ich dann gezwungen, eine allgemeine Formel aufzustellen, die doch wieder eine dritte Wurzel aus dem Gewichte enthält. Bei Anwendung des Rechenschiebers ist übrigens auch diese Formel nicht so unberechenbar, als sie für den Mediziner im ersten Augenblick erscheint.

Die Vergleichsformel soll nun zunächst dazu dienen, die Ergebnisse der Physiologen über die Ausstrahlung von Wärme im Hungerzustande für die Feststellung des Minimums der Tagesnahrung zu verwerten; ferner, im 2. Teile dieses Buches, um die Beobachtungen der Kinderärzte über die Nahrungsmenge der Brustkinder mit meinen eigenen Versuchen zu vergleichen.

Die folgende Tabelle (S. 92) erlaubt den Vergleich zwischen der Berechnung der Wärmeabgabe auf Grundlage der Hautoberfläche und auf Grundlage der Darmfläche.

Die ersten drei Rubriken sind der Arbeit von Erwin Voit[1]) entnommen und enthalten Ergebnisse verschiedener Arbeiten von Rubner, E. Voit, Pettenkofer und Voit, Zuntz und Lehmann u. a. Zuerst das Gewicht des Versuchsobjektes, dann der Energieverbrauch pro Tag in Calorien; als dritte Rubrik steht die Berechnung Voits, wieviel Calorien pro Quadratmeter Hautoberfläche abgegeben wurden.

In der vierten Rubrik habe ich die Calorienzahl in Hektonem umgerechnet, 100 Cal. = 1,5 Hektonem. Die fünfte Rubrik ist die aus dem Gewichte berechnete Darmfläche Geliqua = (10 Gewicht)$^2/_3$. Die sechste Rubrik ist der Energieverbrauch in Nem dividiert durch die Darmfläche und gibt an, wieviel Millinem auf 1 qcm Darmfläche resorbiert werden müssen, um den Energieverbrauch auszugleichen, die Wärmeabgabe zu ermöglichen. Die Zahlen sind allerdings nicht ganz gleichzusetzen, weil sich die Voitsche Zusammenstellung auf Hungertage bezieht.

Fassen wir zunächst diese letzte Rubrik ins Auge: Beim Menschen variiert der Verbrauch zwischen 392 und 445 Millinem pro 1000 qcm, beim Hunde zwischen 310 und 426, beim Kaninchen zwischen 303 und 350, beim Schwein zwischen 313 und 315, bei der Gans zwischen 260 und 376, und beim Huhn zwischen 330 und 342.

In meiner Rechnung zeigen die größten Differenzen der Mensch von 70,6 kg (445) und die letzte Gans (260), sie verhalten sich wie 100 : 171; nehmen wir von den 38 Angaben die vier extremsten weg (Mensch 445, Hund 426, Gans 280, 260), so schwanken die restlichen 90% der Angaben zwischen 290 und 420, verhalten sich also wie 100 : 145.

Der Vergleich der Tierarten, wie ihn Voit selbst nach der Körperoberfläche vornimmt, ergibt ganz ähnliche Differenzen:

Die maximalen Schwankungen pro Quadratmeter Haut sind zwischen 727 und 1172 Calorien (wie 100 : 161), wenn wir die zwei höchsten (1172 Hund, 1150 Hund) und die zwei niedrigsten (727 Kaninchen, 730 Kaninchen) wegnehmen, so liegen die übrigen 34 Angaben zwischen 750 und 1145, verhalten sich also wie 100 : 153.

Dabei hat Voit die Hautoberfläche des Kaninchens mit einer Konstanten berechnet, die von den großen Ohren etwas abschneidet; wenn man die Berechnung nach der von Pfaundler richtig gestellten Konstanten (13,36 statt 12,88) macht, so ergeben die Kaninchen folgende Calorienzahlen pro Quadratmeter Hautoberfläche: 700, 703, 723, 801, 812. Die größte Differenz liegt dann zwischen 700 (Kaninchen) und 1172 (Hund), sie verhält sich wie 100 : 167; bei Ausschaltung der vier extremen Werte ergibt sich 723 : 1145, oder soviel wie 100 : 158.

Die Berechnung aus der Darmfläche „Geliqua" steht mithin der Berechnung aus der Hautoberfläche nicht nach; beide sind ungefähr gleich ungenau; die erstere Rechnung hat den Vorteil, daß sie bequemer auszuführen ist, weil die sehr willkürliche „Konstante" der Hautoberfläche der einzelnen Tierspezies in Wegfall kommt.

---

[1]) Über die Größe des Energieverbrauches der Tiere im Hungerzustande. Zeitschr. f. Biol. 1901, S. 113.

Gattung (K = Konstante für die Hautflächenberechnung)	Autor	1. Gewicht kg	2. Energieverbrauch Cal.	3. auf 1 qm Hautoberfläche Kal.	4. Hektonem	5. Darmfläche Gequa qcm	6. auf 1 qcm Darmfläche Millinem
Mensch	Pettenkofer u. Voit	70,6	2359	1112	35,4	7920	445
K = 12,3	„	70,4	2222	1060	33,3	7910	420
	Tigerstedt	64,9	2071	1042	31,0	7500	413
	Zuntz u. Lehmann	59,5	1893	1012	28,4	7080	396
	„	56,0	1773	985	26,6	6800	392
Hund	Carl Voit I	31,5	1150	1032	17,2	4630	370
K = 11,3	„	30,5	1061	970	15,9	4540	350
	Rubner II	23,3	949	1033	14,2	3790	375
	Erwin Voit III	21,5	1021	1172	15,3	3590	426
	„	20,7	976	1145	14,6	3500	418
	Simanowsky IV	19,7	897	1109	13,4	3390	395
	Rubner V	18,9	792	992	11,9	3290	362
	Rubner VI	11,6	546	944	8,18	2380	342
	Rubner VII	11,0	635	1112	9,5	2300	412
	„	8,7	494	1040	7,4	1960	378
	Rubner VIII	7,0	457	1101	6,85	1700	403
	„	6,6	418	1053	6,27	1630	384
	„	6,5	450	1150	6,73	1620	416
	„	6,0	317	843	4,74	1530	310
	Rubner IX	4,6	279	894	4,18	1280	327
Kaninchen	May	3,35	216	750	3,24	1040	311
K = 12,9	Rubner	2,12	155	730	2,33	765	304
	Nebelthau	2,15	156	727	2,34	771	303
	„	1,93	166	831	2,49	720	346
	„	1,79	160	842	2,4	684	350
Schwein	Meißl	142	2614	1064	39,3	12600	313
K = 9,02	„	115	2317	1086	34,7	11000	315
Gans	Lehmann u. G. Voit	3,7	278	1104	4,16	1110	376
K = 10,45	„	3,65	271	1093	4,07	1100	370
	„	3,75	271	1067	4,07	1120	363
	„	3,7	255	1020	3,82	1110	345
	„	2,96	216	1001	3,24	969	339
	„	3,48	198	827	2,97	1060	280
	E. Voit	3,22	195	855	2,92	1010	290
	„	3,28	177	768	2,65	1020	260
Huhn	„	3,56	244	1001	3,66	1080	338
K = 10,45	„	0,87	97	1015	1,45	423	342
	„	1,69	120	814	1,8	524	330

Zusammenfassung:

1. Beim muskelkräftigen Erwachsenen und beim fetten Säugling ist die Darmfläche ungefähr gleich der zweiten Potenz der dritten Wurzel des zehnfachen in Gramm ausgedrückten Körpergewichtes. Darmfläche = „Geliqua“ = $(10\ \text{Gewicht})^{2}/_{3}$.

2. Diese Formel kann zu einer ungefähren Vorstellung über die resorbierende Fläche für die ganze Säugetierreihe dienen. Sie gibt eine Überleitung meines Systems zum energetischen Oberflächengesetze Rubners, da beide auf der $^{2}/_{3}$-Potenz des Gewichtes basiert sind. Rubner setzt diese $^{2}/_{3}$-Potenz, multipliziert mit einem der Tiergattung entsprechenden Faktor, als äußere Hautoberfläche in Verhältnis zur Abgabe von Wärme, ich setze die $^{2}/_{3}$-Potenz als Darmfläche in Verhältnis zur Aufnahme von Brennstoffen in der Nahrung. Die Hautoberfläche ist je nach der Tierspezies 2—3 mal so groß als die so berechnete Darmfläche. Ein Vergleich an den Voitschen Zahlen ergibt, daß beide Formeln gleiche Berechtigung haben.

3. Die Nahrungsaufnahme der Säugetiere steht im ungefähren Verhältnis zu ihrer Darmfläche.

Ernährung nach der Darmfläche.

Praktische Leitsätze.

Die aufgenommene Nahrungsmenge, in Milchwert ausgedrückt, steht in einfachen Proportionen zur Darmfläche:

Die größte Menge von Nahrung, die der Mensch dauernd aufzunehmen imstande ist, ist ungefähr der Nahrungswert von 1 Gramm Milch, 1 Nem oder 10 Decinem pro Quadratzentimeter der Darmfläche. („Maximum".)

Die Nahrungsmenge, welche der Mensch aufnehmen muß, um bei Bettruhe — also Muskelruhe und geringen Wärmeverlusten — sein Gleichgewicht aufrechtzuerhalten, beträgt mindestens 3 Decinem pro Quadratzentimeter Darmfläche. („Minimum".)

Da ich die Darmfläche dem Quadrate der Sitzhöhe gleichsetze, sage ich kurz, daß das Minimum der Nahrungsaufnahme 3, das Maximum 10 Decinem Siqua (kurz geschrieben dnsq) beträgt.

Zwischen diesen beiden Extremen liegt, den jeweiligen Lebensverhältnissen angepaßt, das Optimum. Bei einem Schwerarbeiter, dessen Körperkraft voll ausgenutzt werden soll, wird das Maximum von 10 dnsq auch das Optimum sein, weil er dabei die größte Arbeitsleistung erzielt; bei einem Typhuskranken dagegen wird das Minimum von 3 dnsq gerade das Optimum sein, wenn der Darm möglichst wenig beansprucht und nur eine Abmagerung des bettlägerigen Kranken verhindert werden soll.

In den meisten Fällen der Praxis liegt das Optimum zwischen 4 und 7 dnsq; unser Darm verzehrt also 1 bis 4 dnsq mehr als wir als unbedingtes Erfordernis für die innere Arbeit annehmen.

Dieser Überschuß dient, wenn wir von den Fällen der Milch- oder Eiterabsonderung absehen, entweder der körperlichen Bewegung oder dem Ansatze.

Der Säugling in den ersten Lebensmonaten hat bei 5 dnsq sein

Optimum und verwendet den Überschuß von 2 dnsq hauptsächlich zum Ansatze, und zwar zum Längenwachstum und zur Fettvermehrung.

Das Kind im zweiten Lebensjahre braucht etwa 7 dnsq und wir stellen uns vor, daß von dem Überschusse 2 dnsq auf Ansatz und 2 dnsq auf Bewegung, die anstrengenden Anfänge des Stehens und Gehens, verwendet werden.

Die älteren Kinder im Alter der lebhaften Spiele verzehren auch 7 dnsq, obwohl sie im Ansatze weniger leisten: sie verbrauchen dann etwa 3 dnsq für Bewegung.

Nach der Pubertät tritt, besonders bei den Frauen, eine Verminderung der Nahrungsmenge ein, wenn nicht Gravidität oder Lactation eine hohe Ernährung erfordern; das Wachstum hat aufgehört, die Beschäftigung erfordert gewöhnlich keine schwere körperliche Arbeit, so daß 4 bis 5 Decinem Siqua genügen. Wir können bei Erwachsenen, Männern und Frauen, bei vorwiegend sitzender Beschäftigung 4 bei vorwiegend stehender 5 dnsq rechnen.

Der Nahrungszuschlag, der für körperliche Arbeit zu geben ist, beträgt 1—3, ausnahmsweise bis 5 Dezinem Siqua. Er muß für die einzelnen Arten der Arbeit experimentell ermittelt werden.

Bei diesen Regeln ist dem Fettbestande des Körpers keine Rechnung getragen. Ein hoher Fettbestand läßt sich bei einer so geringen Nahrungszufuhr nicht erhalten, und andererseits erlaubt das Minimum, nach der Sitzhöhe berechnet, eine Gewichtszunahme, wenn vorher der Körper stark abgemagert war. Die ganze Berechnung nach dem Sitzhöhequadrat bedeutet daher eine Regulierung der Nahrungszufuhr nach einem dem Knochensystem entsprechenden Sollgewicht, während die frühere Methode der Nahrungszufuhr nach dem zufällig bestehenden Körpergewicht eine Verstärkung der schon vorhandenen Anomalien des Fettbestandes bedeutete. Bei der Bemessung nach dem schon vorhandenen Körpergewichte wird der Fette mit mehr, der Magere mit weniger Nahrung bedacht, als er unbedingt nötig hat; während die Bemessung nach der Körpergröße darauf abzielt, die Fettanomalien auszugleichen, den Fetten abmagern und den Magern zunehmen zu lassen

Bestimmung der Tagesnahrung.

Die Verschreibung der Ernährung nach Sitzhöhequadrat und Funktion ist durch die Tafel S. 96, 97 erleichtert, auf welcher für die Sitzhöhen 30 (schwaches neugeborenes Kind) bis 100 (größter Mann) für jeden einzelnen Zentimeter das Quadrat und dessen Teilungen berechnet sind.

Sitzhöhe cm	3 Decinem Minimum	4 Decinem	5 Decinem	6 Decinem	7 Decinem	10 Decinem Maximum
			pro qcm Sitzhöhequadrat			
30	270	360	450	540	630	900
31	288	385	480	577	672	960
32	307	409	510	614	715	1020
33	327	434	543	654	760	1090
34	347	462	578	696	810	1160
35	368	490	613	736	860	1230
36	388	519	649	778	910	1300
37	411	548	687	822	960	1370
38	434	579	724	867	1020	1440
39	457	610	762	913	1070	1530
40	480	640	800	960	1120	1600
41	504	672	840	1010	1180	1680
42	529	705	882	1060	1240	1760
43	554	740	924	1110	1290	1850
44	581	776	965	1160	1360	1940
45	607	811	1010	1210	1420	2030
46	634	847	1060	1270	1480	2120
47	663	884	1110	1330	1550	2210
48	691	921	1150	1380	1610	2300
49	720	960	1200	1440	1680	2400
50	750	1000	1250	1500	1750	2500
51	780	1040	1300	1560	1820	2600
52	812	1080	1350	1620	1900	2700
53	843	1120	1400	1680	1970	2810
54	875	1170	1460	1750	2040	2920
55	907	1210	1510	1820	2120	3030
56	940	1250	1570	1880	2190	3140
57	975	1300	1630	1950	2280	3250
58	1010	1350	1680	2020	2360	3370
59	1040	1390	1740	2090	2440	3480
60	1080	1440	1800	2160	2520	3600
61	1120	1480	1860	2230	2600	3720
62	1160	1540	1920	2310	2780	3850
63	1190	1590	1980	2380	2770	3970
64	1230	1640	2050	2460	2860	4100
65	1270	1690	2120	2540	2960	4230
66	1310	1740	2180	2620	3050	4350
67	1350	1800	2250	2700	3140	4500
68	1390	1850	2320	2780	3230	4620
69	1430	1910	2380	2860	3340	4760
70	1470	1960	2450	2940	3430	4900
71	1510	2020	2520	3020	3530	5040
72	1560	2080	2600	3110	3640	5200

Sitzhöhe cm	3 Decinem Minimum	4 Decinem	5 Decinem	6 Decinem	7 Decinem	10 Decinem Maximum
			pro qcm Sitzhöhequadrat			
73	1600	2130	2660	3200	3730	5320
74	1640	2190	2740	3280	3830	5480
75	1690	2250	2820	3370	3940	5610
76	1740	2310	2900	3460	4050	5790
77	1780	2370	2970	3550	4150	5940
78	1830	2430	3040	3640	4260	6090
79	1880	2500	3130	3750	4370	6250
80	1920	2560	3200	3840	4490	6400
81	1960	2620	3280	3930	4600	6580
82	2020	2690	3360	4030	4710	6730
83	2070	2760	3450	4140	4820	6900
84	2120	2820	3530	4240	4940	7080
85	2170	2890	3610	4340	5070	7230
86	2220	2960	3700	4450	5190	7400
87	2270	3030	3780	4550	5300	7590
88	2320	3100	3860	4650	5420	7750
89	2380	3170	3960	4750	5550	7910
90	2430	3240	4050	4860	5670	8100
91	2480	3310	4140	4970	5800	8300
92	2540	3390	4240	5090	5930	8490
93	2600	3460	4330	5200	6070	8690
94	2660	3540	4420	5310	6200	8860
95	2720	3610	4520	5420	6320	9040
96	2770	3690	4610	5540	6450	9220
97	2830	3760	4700	5660	6590	9400
98	2890	3840	4810	5780	6730	9600
99	2950	3920	4910	5890	6870	9800
100	3000	4000	5000	6000	7000	10000

Die erste Kolonne zeigt das Minimum — 3 Decinem pro Quadratcentimeter Siqua —, die nächste 4 Decinem, eine Menge, die wir nur bei Erwachsenen anwenden, dann 5 Decinem, die Dosis des liegenden Säuglings und des stehenden Erwachsenen, 6 Decinem, die Dosierung des späteren Kindesalters und des leicht arbeitenden Erwachsenen, 7 Decinem, die Menge für das Spielalter des Kindes, für Rekonvaleszente und für schwer arbeitende Männer, endlich 10 Decinem, das Maximum.

Die Rechnung ist hier auf drei Stellen ausgeführt, eine Genauigkeit, die wir in der praktischen Ernährung nicht innehalten. Ich habe mehrfach betont, daß wir in der Ernährungslehre an allen Orten Schätzungszahlen und schwankenden Werten begegnen; es hätte keinen Sinn, wenn wir uns einbilden wollten, wir müßten plötzlich bei der Dosierung jedes einzelne Nem berücksichtigen.

Grundsätzlich wird immer auf ganze Hektonem abgerundet, wie auch bei Messung der Sitzhöhe auf ganze Zentimeter abgerundet wird. Nehmen wir beispielsweise die Zahlen der Zeile 65; bei dieser Sitzhöhe würde 1270 auf 13, 1690 auf 17, 2120 auf 21, 4350 auf 44 Hektonem abgerundet werden. Eine Ausnahme dieser Regel bilden nur die Zahlen unter 1000 — die Nahrungsmengen bei Säuglingen, wo die Abrundung nur in der letzten Stelle erfolgt, z. B. bei Sitzhöhe 31: statt 288 290, statt 385 390, statt 577 580 Nem usf. Bei den Zahlen über 2000 Nem erfolgt, soweit die Kinder außer Bett sind und an gemeinsamen Tischen speisen, noch eine weitere Abrundung, von 5 zu 5 Hektonem. Dies ermöglicht eine übersichtliche Einteilung der Kinder in einzelne Nahrungsklassen.

Nahrungsklassen.

Die Klasse hat ihre Ziffer von der Anzahl der Kilonem, die sie als Tagesnahrung zugeteilt erhält. Klasse IV sind jene, welche 4 Kilonem oder 40 Hektonem als Tagesnahrung erhalten, Klasse IVa bezeichnet die Zwischenstufe von 45 Hektonem. Das klassenweise Ausspeisen beginnt erst bei 20 Hektonem (Klasse II); unterhalb dieser Zahl wird die Nahrung genauer zugemessen, doch sind die Kinder für Zählungen unter dem Ausdrucke Klasse I und Klasse Ia zusammengefaßt, und zwar unter I die Kinder, deren Tagesration 1000 Nem und weniger ist, Ia die Kinder, die ungefähr 1500 Nem genießen (11—19 hn).

Wir haben also folgende Unterscheidungen:

Klasse I: Tagesnahrung 10 hn (1 l Milchwert) und weniger. Abrundung der aus der Formel berechneten Tagesnahrung nur in der letzten Zahl.

Klasse Ia: Tagesnahrung ca. 15 hn (11—19 hn). Abrundung der aus der Formel berechneten Tagesnahrung in beiden letzten Zahlen auf ganze Hektonem.

Klasse II: Tagesnahrung 20 hn. Von hier an erfolgt die Abrundung auf Grenzen von 5 Hektonem, wobei die Zahlen unter 249 und 749 zurück, die Zahlen von 250 und 750 angefangen hinaufgezählt werden.

Klasse IIa: Tagesnahrung 25 hn. In analoger Weise;

Klasse III: Tagesnahrung 30 hn, Klasse IIIa: Tagesnahrung 35 hn,

Klasse IV: Tagesnahrung 40 hn, Klasse IVa: Tagesnahrung 45 hn.

Höhere Klassen kommen nur bei Männern mit körperlicher Arbeit vor.

Einrichtung der Ernährung bei größeren Gemeinschaften von Kindern.

Bei einer größeren Zahl von Kindern ist die einzelne Bestimmung jeder Sitzhöhe und Berechnung jeder Zahl zeitraubend. Deshalb verwende ich hier einen Maßstab, auf dem gleich die Nahrungsmenge eingetragen ist, welche der Sitzhöhe des Kindes entspricht, also die Nahrungsklasse, in welche das Kind seiner Sitzhöhe nach einzureihen ist. Es sind 5 Teilungen für die Nahrungsmenge 3, 4, 5, 6 und 7 Decinem Siqua auf demselben Maßstab aufgetragen, und je nachdem, ob es sich um Säuglinge oder größere Kinder, um gesunde oder rekonvaleszente handelt, erfolgt die Anwendung der einzelnen Teilungen.

So kommt z. B. ein Kind von 67 cm Sitzhöhe bei dem Maßstab 6 Decinem Siqua (gesundes Kind) in die Nahrungsklasse IIa, bei dem Maßstab 7 Decinem (Rekonvaleszent) nach Klasse III.

Der Maßstab ist ein Metermaß mit quadratischem Querschnitt, wie es von den Tuchgeschäften benützt wird. Eine Fläche zeigt die Zentimeterteilung, die gegenüberliegende die Teilung in Nahrungsklassen nach der Formel: Tagesnahrung = 5 Decinem Siqua; auf der 3. Seite sind die Teilungen für 3 und 4, auf der 4. Seite die Teilungen für 6 und 7 Decinem Siqua angebracht.

Die Kinder werden nacheinander auf einen Tisch gesetzt und dort mit dem Maßstab gemessen — da es sich hier nur um Entscheidungen von mehreren Centimetern Unterschied handelt, ist die Messung rasch geschehen. Jedem Kind wird die Klasse gesagt, in die es eingeteilt ist. Die Kinder stellen sich in verschiedene Winkel des Zimmers je nach ihrer Klasse. Dann werden nach der Anzahl der Klassenangehörigen die Eßtische gebildet. Die Kinder jeder Klasse speisen zusammen.

Bei der Zählung einer Rekonvaleszentenkolonie von 65 Kindern nach Maßstab 7 Decinem Siqua ergeben sich z. B. folgende Zahlen:

Klasse	II	8 Kinder	Klasse	IIIa	10 Kinder
„	IIa	18 „	„	IV	4 „
„	III	25 „			

Es wird nun ein Tisch für die 25 Angehörigen der Klasse III gemacht, ein zweiter Tisch für die 18 der Klasse IIa, ein dritter für die 8 Kleinen der Klasse II, die 4 Großen der Klasse IV und die 10 der Klasse IIIa; sie sind so zusammen zu setzen, daß ihre Sitzordnung leicht zu übersehen ist.

Die Klassenunterschiede zeigen sich bei den drei Hauptmahlzeiten.

Die Kinder erhalten ihre Portionen zugeteilt, und es wird darauf gesehen, daß sie dieselben vollständig und genau aufessen. Bei dieser

Art der Zuteilung, die auf der Fähigkeit zur Nahrungsaufnahme aufgebaut ist, ist eine viel größere Sicherheit gegeben, daß man dem Kinde nicht zu viel oder zu wenig zumutet, wie in der nach dem „Gefühle“ geregelten Art der Zuteilung. Anomalien des Appetits, wie Heißhunger und Anorexie, treten hier objektiv hervor und lassen sich behandeln. In der Bekämpfung der Kindertuberkulose z. B. ist die Erkennung und Behandlung der Anorexie von größter Wichtigkeit.

Tageszeit und Einteilung der Mahlzeiten.

Ich gehe hier vom Säugling aus, dessen Tageseinteilung aus Trinken, Schlafen, Hunger, Trinken, Schlafen, Hunger besteht, und nehme als Grundlage für einen normalen, kräftigen Neugeborenen eine dreistündige Nahrungsaufnahme an, die Tag und Nacht gleichmäßig weitergeht.

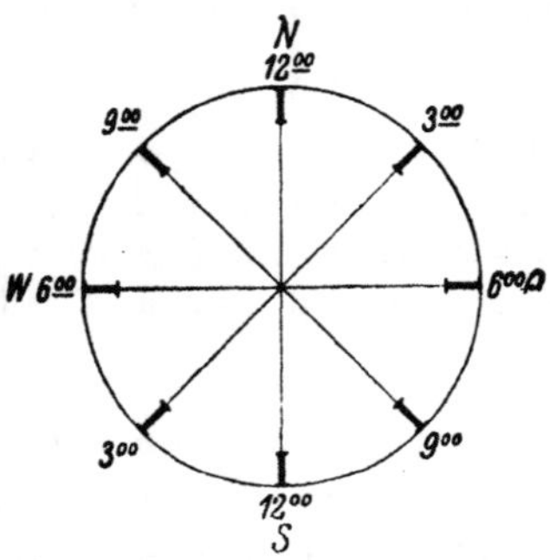

Fig. 6. 8 Mahlzeiten auf der Kompaßuhr eingezeichnet.

Die normalen Trinkzeiten sind 3 Uhr morgens, 6, 9 vormittags, 12 mittags, 3, 6, 9 abends und 12 Uhr nachts.

Die Trinkzeiten werden in eine Kompaßuhr eingetragen, welche dem Stande der Sonne und der geographischen Orientierung nach bezeichnet ist. Norden (Mitternacht) ist nach oben, Osten (6 Uhr früh) nach rechts, Süden (Mittag) nach unten und Westen (6 Uhr abends) nach links gezeichnet.

Die erste Abänderung von der ganz regelmäßigen Lebensweise geschieht dadurch, daß wir den Säugling daran gewöhnen, daß er eine längere Schlafpause in der Nacht macht: die Mahlzeit um Mitternacht (Nord) fällt aus. Nach einiger Zeit wird dann auch die Mahlzeit um 3 Uhr früh (Nordost) weggelassen, so daß eine Nachtpause von 9 Uhr abends bis 6 Uhr früh verbleibt. Wann diese Veränderungen eintreten, ist Sache des Individuums. Je kräftiger die Kinder sind, desto schneller pflegen sie sich an die Einschränkung zu gewöhnen.

In dieser Einteilung der 6 Mahlzeiten bleibt nun der Säugling das erste Halbjahr hindurch, solange nur Milch gegeben wird. Die Berechnung der Einzeldosis für Kinder, die nicht an der Brust trinken, geschieht um diese Zeit nach der Formel:

$$\text{Na} = \text{Siqua} \cdot \frac{5}{10} : 6 = \frac{\text{Siqua}}{12}.$$

Gegen Ende des ersten Halbjahres wird auch die Mahlzeit von 9 Uhr abends (Nordwest) eingestellt, so daß die Nachtpause noch verlängert wird und 5 Mahlzeiten übrigbleiben. Diese bleiben dann in ihrer zeitlichen Anordnung für das ganze Kindesalter bestehen:

Morgen (Ost): um 6 Uhr früh.
Vormittag (Südost): 9 Uhr.
Mittag (Süd): 12 Uhr.
Nachmittag (Südwest): 3 Uhr.
Abends (West): 6 Uhr.

Wenn diese Einteilung dem Erwerbsleben des Erwachsenen oder den Schulzeiten der Kinder nicht angepaßt ist, so kann sie als Ganzes verschoben werden, z. B. um eine Stunde: Morgen 7 Uhr, Vormittag 10 Uhr, Mittag 1 Uhr, Nachmittag 4 Uhr, Abend 7 Uhr.

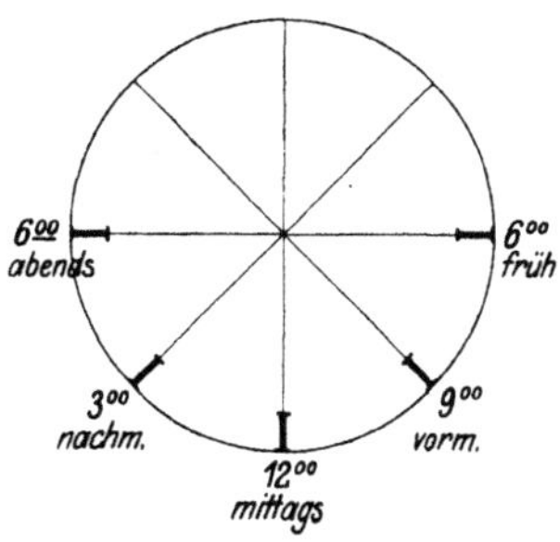

Fig. 7. 5 Mahlzeiten.

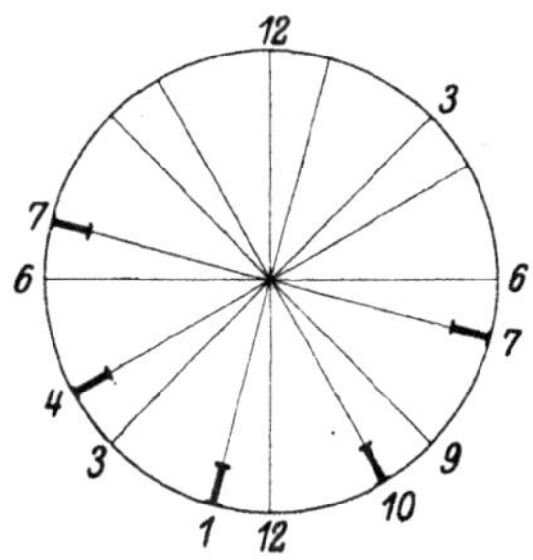

Fig. 8. 5 Mahlzeiten, um 1 Stunde verschoben.

Zunächst ist noch die Verteilung der Nahrung auf alle 5 Mahlzeiten eine gleichmäßige, nach der Formel Mahlzeit $= \text{Siqua} \cdot \frac{5}{10} \cdot \frac{1}{5} = \frac{\text{Siqua}}{10}$. Bei der Sitzhöhe 40 z. B. ist die Tagesnahrung $\frac{40 \times 40}{2}$ und die Einzelmahlzeit $\frac{40 \times 40}{10} = 160$ n. Wenn wir als Nährflüssigkeit Kuhmilch-Rohrzucker-Gleichnahrung (Kuhrog) geben, so entfällt davon auf die Einzelmahlzeit 80 g Kuhmilch und 80 g einer 17 proz. Rohrzuckerlösung.

Dann wird zuerst in die Mittagsmahlzeit statt der rein flüssigen Nahrung (Frauenmilch oder Kuhmilchmischung) ein Brei eingeschaltet, Grießbrei als Doppelnahrung, mit Milch und Zucker eingekocht (s. S. 20).

Gegen Ende des dritten Lebensvierteljahres wird der Grießbrei auf den Abend verlegt und wir fangen an, zu Mittag das Kind an gemischte Kost zu gewöhnen: eine kleine Menge Suppe, ein Löffel Gemüse und, auch schon um diese Zeit, Brot. Der Krieg hat uns gelehrt, daß das Brot in kleinen Mengen von 15—30 g auch schon vor dem vollendeten ersten Lebensjahre vertragen wird.

Gleichzeitig wird die Gesamtnahrung — mit der zunehmenden Lebhaftigkeit des Kindes — auf 6 Decinem Siqua erhöht.

Ich halte mich übrigens nicht sklavisch an diese Normen: ich beginne mit der Verschreibung von 5 Dezinem Siqua; wenn dabei keine Zunahme erfolgt, gehe ich auch schon vor dem zweiten Halbjahr auf 6 Dezinem Siqua.

Mit Beginn des zweiten Jahres bildet sich dann in der Familie allmählich ein Mittagsessen für das Kind heraus, das dem Mittagsmahl der Erwachsenen entnommen ist, während für das Abendessen noch durch längere Zeit Milchbrei mit etwas Brot oder Zwieback eigens für das Kind gemacht wird.

Diese 5 Mahlzeiten bilden nun weiter das Schema für die ganze Kinderzeit, werden aber allmählich in die Kostordnung der Erwachsenen dadurch übergeführt, daß Morgen-, Mittag- und Abendessen verstärkt werden, während Vormittags- und Nachmittagspausen klein bleiben. Der Erwachsene genießt dann nur mehr drei Mahlzeiten:

Das Morgenessen: Es ist ein großer Fehler der deutschen und besonders der österreichischen Küche, daß das Frühstück der Stadtbevölkerung so wenig Nahrungswert enthält. Der Wiener nimmt zum Frühstück nur Milchkaffee und Semmel; wenn die Milch knapp ist und das Graubrot nicht so gut schmeckt wie das Weißbrot, womöglich noch der Zucker des Kaffees durch Saccharin ersetzt wird, bleibt an Nahrungswert fast gar nichts übrig. Die Kinder laufen fast nüchtern in die Schule: das belegte Brot, das sie dorthin mitbringen, ist oft auch nichts Rechtes, und so kommt es, daß die Kinder von dem Abendessen um 6 oder 7 Uhr bis zum nächsten Mittagessen um 1 Uhr, also durch 18 Stunden fast nichts Nahrhaftes genießen. Die englische und amerikanische Speiseordnung ist da viel vernünftiger: die Hauptmahlzeiten sind Früh- und Abendessen; das Mittagessen hat einen geringeren Nahrungswert.

Die prinzipielle Verteilung der Nahrungswerte zu den einzelnen Mahlzeiten und in den einzelnen Nahrungsklassen ist folgende:

Kinder der Nahrungsklasse:	erhalten Hektonem					
	Morgen	Vormittag	Mittag	Nachmittag	Abend	Summe
Klasse I	2	2	2	2	2	10
„ Ia	3	3	4	2	3	15
„ II	5	3	5	2	5	20
„ IIa	7	3	7	2	6	25
„ III	8	3	9	2	8	30
„ IIIa	10	3	10	2	10	35
„ IV	12	3	12	2	11	40
„ IVa	13	3	14	2	13	45

Erwachsene der Nahrungsklasse:	erhalten Hektonem			
	Morgen	Mittag	Abend	Summe
Klasse III	10	10	10	30
„ IIIa	12	11	12	35
„ IV	13	13	14	40
„ IVa	15	15	15	45
„ V	17	16	17	50

Einreihung in die Nahrungsklasse nach dem Lebensalter ohne Messung.

Wenn es irgendwie möglich ist, die Messung der einzelnen Personen auszuführen, so soll davon nicht abgegangen werden, da die Größe der Kinder ohne Messung nur sehr ungenau abzuschätzen ist. Dennoch können Fälle vorkommen, in welchen wir ohne Messung die Anordnungen treffen, wenn wir z. B. für eine Anzahl von Kindern, die noch gar nicht zusammengestellt sind, Nahrungsmittelvorräte bestellen sollen, oder wenn es sich nur um eine ungefähre Kontrolle des Lebensmittelverbrauches handelt. In diesen Fällen halten wir uns an das Alter der Kinder, das einen, wenn auch recht unverläßlichen Anhaltspunkt bietet, aber, bei größeren Gemeinschaften, doch eine Durchschnittsrechnung erlaubt.

Für diese Durchschnittsrechnung stehen uns zwei ausgedehnte Messungsreihen der Sitzhöhe zur Verfügung, die von Weissenberg aus Südrußland und die von West aus Nordamerika. Ich benutze die Weissenbergschen Zahlen, weil sie unseren Verhältnissen besser entsprechen. Nach dem Kriege werden übrigens alle Durchschnittszahlen von Länge, Sitzhöhe und Gewicht eine neue Bearbeitung erfahren müssen.

Als Durchschnittszahlen der Sitzhöhe (abgerundet auf halbe Centimeter) nehme ich an:

Bis zum Alter von 11 Jahren beide Geschlechter gemeinsam:

Neugeborener, 33 cm, Halbjähriger Säugling 40 cm, einjähriger 45 cm;

im Alter von	2	3	4	5	6	7	8	9	10	11 Jahren
Sitzhöhe	48,5	51,5	54,5	57,5	59,5	62	64	66	68	70 cm.

Hier trennen sich Knaben und Mädchen. Bei den Mädchen beginnt das Pubertätswachstum schon im 11. Jahr, bei den Knaben erst im 14. Jahre. Dadurch ist die Sitzhöhe der Mädchen bis zum 15. Jahre größer als die der Knaben, die Mädchen werden aber dann überholt, weil die Knaben noch bis zum 17. Jahre stark weiterwachsen, während bei der Frau das Wachstum nach 15 Jahren nicht mehr wesentlich ist.

Mädchen im Alter von	12	13	14	15 Jahren
haben eine Sitzhöhe von	73	75,5	78,5	81 cm,

die erwachsene Frau eine durchschnittliche Sitzhöhe von rund 82 cm.

Die Knaben im Alter von	12	13	14	15	16	17 Jahren
haben eine Sitzhöhe von	71,5	73	74,5	78	82	85 cm.

Der erwachsene Mann hat eine durchschnittliche Sitzhöhe von 87 cm.

Als durchschnittliche Funktion wurde für das erste Halbjahr 5 Decinem pro Quadratzentimeter Siqua gerechnet, für 1 Jahr 6 Decinem Siqua, für das Alter von 2—4 Jahren 7 Decinem Siqua. Von da ab wurde ein allmählicher Rückgang auf 6 Decinem Siqua mit 14 Jahren angenommen. Für die Erwachsenen kann eine durchschnittliche Funktion nicht mehr angenommen werden, da sich ihre Nahrungsmenge durch die Art der Arbeit allzustark unterscheidet. Hier erfolgt die Einteilung in Nahrungsklassen nach der Beschäftigung.

Das Produkt aus Sitzhöhe und Funktion wurde auf Portionsgrößen von 5 zu 5 Hektonem abgerundet, wobei die Abrundung bei den Kindern durchweg nach oben erfolgte. Wenn z. B. die Rechnung 21 Hektonem ergab, so wurde diese Zahl schon in der nächsthöheren Stufe von 25 hn Tagesnahrung eingetragen.

Es ergeben sich dann folgende Nahrungsklassen nach dem Lebensalter:

I 10 hn Säuglinge bis $^3/_4$ Jahr.

Ia 15 hn Von $^3/_4$ bis zur Mitte des 2. Lebensjahres.

II	20 hn	Kinder im Alter von 2 und 3 Jahren.
IIa	25 hn	„ „ „ „ 4 bis 7 „
III	30 hn	„ „ „ „ 8 bis 11 „
IIIa	35 hn	Mädchen vom 12. Jahre bis zum Abschlusse des Pubertätswachstums, Knaben von 12 bis 14 Jahren.
IV	40 hn	Knaben von 15 Jahren bis zum Abschlusse des Pubertätswachstums.

Bei den Erwachsenen erfolgte die Einteilung in die Nahrungsklasse ohne Abrundung nach oben, wobei z. B. 32 hn nicht zur Klasse IIIa, sondern zu III (30 hn) geschlagen wird.

IIa	25 hn	Frau in sitzender Lebensweise, ohne jede Arbeit, ohne Spazierengehen (Greisin).
III	30 hn	Frau mit sitzender Lebensweise, mit leichter häuslicher Arbeit (oder Einkaufen).
IIIa	35 hn	Frau mit stehender Beschäftigung, oder sitzend mit körperlicher Arbeit, Mann in sitzender Lebensweise ohne körperliche Arbeit.
IV	40 hn	Frau mit stehender Beschäftigung und körperlicher Arbeit, Mann mit stehender Beschäftigung oder sitzender Arbeit.
IVa	45 hn	Mann mit stehender Beschäftigung und körperlicher Arbeit.
V	50 hn	Mann mit stärkerer Arbeit, Soldat im Felde.

Bei Erwachsenen und größeren Kindern in Rekonvaleszenz nach Abmagerung erfolgt die Versetzung in die nächsthöhere Nahrungsklasse; ebenso können bei schwerer Arbeit weitere Zuschläge gegeben werden.

Berücksichtigung des Eiweißgehaltes der Nahrung.

Die Festsetzung der Tagesmenge und der Einzelmahlzeit geschieht nach dem Brennstoffgehalt. Erst nachträglich wird überprüft, ob der Eiweißgehalt ein entsprechender ist. Eine wesentliche Unterschreitung des notwendigen Eiweißgehaltes kann nur vorkommen, wenn beträchtliche Mengen von Butter, Fett oder Zucker unter den Nährstoffen verwendet werden oder wenn Kartoffeln einen Hauptteil der Nahrung bilden. Dann ist durch Zuteilung von Hülsenfrüchten, Käse oder Fleisch der Eiweißgehalt soweit auszugleichen, daß mindestens 10% der Brennstoffeinheiten in Form von Eiweiß gegeben werden.

Es ist nicht notwendig, daß jeder einzelne Tag, oder noch weniger, jede einzelne Mahlzeit, genau der Eiweißforderung entspricht: es genügt, wenn bei der Zusammenstellung des Wochenprogramms der Ausgleich herbeigeführt wird, indem z. B. 1—2 Fleischmahlzeiten in der Woche, oder bei mehreren Mahlzeiten, Zulagen von Käse oder Hülsenfrüchten eingelegt werden.

Die Kontrolle hat aber auch darauf zu sehen, daß nicht zuviel Eiweiß gegeben wird. Ein Gehalt der Nahrung von mehr als 20% Eiweißstoffen (z. B. bei reichlicher Fleischkost) ist zu verwerfen: hier wird der kostbare Baustoff nur verbrannt und belastet dabei noch die Nieren durch die Ausscheidung von Harnstoff.

Wenn die Parole auf möglichste Sparsamkeit lautet, wie jetzt in der Kriegszeit, ist der Eiweißgehalt auf möglichst nahe an 10% zu halten. Dadurch läßt sich eine sehr billige Versorgung erzielen.

Auf das Fett ist, wie schon früher erwähnt, gar keine besondere Rücksicht notwendig. Ich fasse das Fett in der Praxis nur wie ein Gewürz auf, von dem ebensoviel gegeben wird, als zur Zubereitung der Speise unbedingt erforderlich ist. Und bei gutem Willen der Küche ist diese Menge eine recht kleine.

Nemrechnung bei öffentlichen Ausspeisungen und in der Gasthausküche.

Bei der ganzen Verteilung der Nahrungsmittel sollte in erster Linie auf den Nährwert gesehen werden. Wenn schon der Staat, wie in Form der Nahrungsmittelkarten, einen bestimmten Teil der Nahrung des einzelnen garantiert, so sollte sich diese Garantie nicht auf Gewichtssätze, sondern auf Nährwerte erstrecken. Die Brotkarte von 270 g entspricht z. B. einem Nährwerte von 9 Hektonem; bei ihrer Ergänzung durch Fett, Fleisch- und Kartoffelkarten kommt man jetzt in Deutschland auf eine garantierte Menge von ca. 18 Hektonem pro Kopf und Tag. Wenn aber dann die 240 g Kartoffeln (3 hn) fehlen, so sollten sie nicht durch die gleiche Gewichtsmenge der viel minderwertigen Kohlrüben ersetzt werden dürfen, sondern es müßte ein dem Nährwerte entsprechender Zusatz geliefert werden, z. B. bei 250 g Kohlrüben (1 hn) noch 40 g Gerstengraupen (2 hn).

Ich bin damit beschäftigt, das jetzige System der persönlichen Anweisungen auf Lebensmittel — Lebensmittelkarten, Bezugscheine etc. — durch ein System des „Nemgeldes“ zu ersetzen[1]). Der Vorgang soll folgender sein: bei der Verwaltungsbehörde (Gemeinde, Arbeitsstelle) wird für jedes Individuum die Nahrungsklasse nach Größe (Sitzhöhe) und Funktion (Wachstum, Beschäftigung, Gesundheitszustand) festgesetzt. Nehmen wir ein Beispiel: 4 Personen einer Familie, Vater (Schwerarbeiter), Mutter, 3 Kinder würden in die Nahrungsklassen V, IIIa, III, IIa und I eingeteilt werden. Das bedeutet pro Tag eine Nemmenge von 50, 35, 30, 25 und 10 Hektonem, also zusammen 15 Kilonem pro Tag. Auf eine Woche entfallen $7 \times 15 = 105$ Kilonem. Die Anweisungen werden in Form von Eisenmarken der Familie übergeben und dienen beim Einkaufe neben dem Gelde als Zahlungsmittel. Ein Teil der Marken ist durch Zeichen für den Bezug von Milch, Fleisch, Zucker, überhaupt solcher Nahrungsmittel reserviert, deren Verkehr beschränkt ist; die übrigen Marken gelten für freigegebene Nahrungsmittel.

Das Prinzip des Nemwertes sollte für alle öffentlichen Speisungen gelten. Die Massenspeisungen mancher Städte ergeben völlig verschiedene Nährwerte an den einzelnen Wochentagen. Es könnte hier der Nährwert von 10 Hektonem als Sollbestand eines Mittagsmahles gefordert werden. In welcher Weise, aus welchen Materialien das Mittagessen hergerichtet wird, ist Sache der Konjunktur.

Ebenso sollten alle Speiseanstalten, alle Gasthäuser verpflichtet werden, den Nährwert der Portionen als Grundlage anzunehmen und auf der Speisekarte führen zu müssen. Es könnten Portionen von 1, 2, 5 Hektonem verabreicht werden. Der Preis richtet sich nach den Ingredienzien, aber der bestimmte Nährwert müßte garantiert werden.

Die heutige Gasthausküche ist ja auf ganz irrationellen Grundlagen aufgebaut. Es macht den Anschein, als wenn bei allen Gastbetrieben das Essen nur als eine Unterlage gegeben würde, um das Trinken zu erleichtern, denn der Nahrungswert spielt überhaupt keine Rolle. Schon in der Benennung ist dies zu erkennen: Wir unterscheiden Wein-, Bier-, Tee- und Kaffeehäuser; einzig die Vegetarier haben von vorneherein Speisehäuser gegründet. Auch bei den Speisen ist die

---

[1]) Nach einem Vorschlage von Dr. von Gröer soll der Nahrungswert überhaupt an Stelle der Geldwährung zur Grundlage des Währungssystems genommen werden, eine Anregung, welche die Berücksichtigung der Nationalökonomen in hohem Maße verdient.

Etikette die Hauptsache: das Fleisch wird genannt, die vegetabilische „Beilage" aber, die rationellerweise den Hauptnährwert enthalten sollte, ist nur eine Nebensache. Und das gilt wieder auch bei den Gemüsespeisen. Wenn wir in Wien beim „Sauerkraut" nur 15% des Nährwertes als Sauerkraut und 85% in Form von Fett und Mehl erhalten, so ist das nicht einmal dem Wirte klar. In Deutschland hat man bis vor kurzem das ganze Brot als unentgeldliche Zuspeise enthalten, das in den billigeren Speisehäusern, wie bei Aschinger, bei weitem größeren Nährwert zu haben pflegte, als die offiziell bestellte und bezahlte Wurstportion.

Wie weit der deutschen Küche der Begriff des Nährwertes liegt, zeigt das Beispiel des deutschen Hotelfrühstückes. Vor dem Kriege konnte man unter dem Bestellworte „Café complet" im Hotel für 75 Pf. bis 1,50 M. — je nach der Feinheit des Gasthauses — den Nährwert von ca. 15 Hektonem an Zucker, Honig, Butter, Keks, Brot und Marmeladen einführen. Im Kriege wird unter demselben Namen und zum selben Preise nur mehr ein Nährwert von 3 Hektonem verabreicht; der Zucker ist durch Saccharin, die Milch durch Wasser, Butter und Marmelade durch mit Saccharin gesüßtes Mus „ersetzt"; von wirklichen Nahrungsmitteln sind nur ein paar Schnitten Brot übriggeblieben.

Eine reformierte Speisekarte könnte ungefähr folgendermaßen aussehen (mit Friedenspreisen):

Speisen zu 2 Hektonem:

Semmel oder Brot (60 g)	3 Pf.
Kaffee mit Zucker (17 g) und Milch (100 g)	15 Pf.
Suppe mit Einlage (250 g Bouillon mit 35 g Mehl)	15 Pf.
Kaviar (25 g mit 8 g Butter)	1,50 M.

Speisen zu 5 Hektonem:

Geröstete Kartoffeln (240 g Kartoffeln mit 16 g Fett)	25 Pf.
Eierkuchen (2 Eier, 20 g Speck, 20 g Mehl)	60 Pf.
Kalbfleisch gebraten, mit ganzen Kartoffeln (80 g mageres Fleisch, 160 g Kartoffeln, 8 g Fett)	1,10 M.
Süße Mehlspeise (40 g Mehl, 1 Ei, 17 g Zucker, 8 g Butter)	80 Pf.

Für den einzelnen wird es dann leicht sein, wenn er seine Nahrungsklasse kennt — durch Messung oder durch Erfahrung —, auch im Gasthause jene Nahrungsquantität zu erhalten, die für ihn paßt. Die Auswahl der Nahrungsqualität erfolgt nach Maßgabe des Geschmackes und des Geldbeutels.

Nemrechnung in Sanatorien.

Besonders vorteilhaft wird die Nemrechnung in Sanatorien, z. B. in Lungenheilstätten sein, wo die quantitativ richtige Ernährung einen der wichtigsten therapeutischen Faktoren darstellt. Die Kranken sind nach Größe und Funktion (Bettruhe, vorgeschriebene Spaziergänge, vorgeschriebene Arbeit, gewünschter Fettansatz) in die einzelnen Nahrungsklassen einzuteilen; danach ist die Tischordnung einzurichten und genau darauf zu sehen, daß der Patient das vorgeschriebene Pensum erledigt. Bei Anorexie ist durch Stomachica oder durch qualitative Diätänderung einzugreifen.

Der Patient muß sich selbst darüber klar werden, wie wertvoll die quantitative Regelung seiner Ernährung ist und wird dann leicht dazu gebracht, die Nahrungsaufnahme als ein Kurmittel anzusehen. Hier ist, wie bei den Ernährungskuren der Kinder, der Erfolg durch häufige Wägungen zu kontrollieren und danach nötigenfalls die Versetzung in eine andere Nahrungsklasse vorzunehmen.

Zusammenfassung.

Die aufgenommenen Nahrungsmengen stehen im Verhältnis zur Größe der resorbierenden Darmfläche.

Die Darmfläche entspricht ungefähr dem Quadrate der Sitzhöhe.

Die praktische Ernährung im Einzelfalle wird nach der Darmfläche und der Funktion des Organismus bemessen, das Maximum beträgt 1 g Milchwert (1 Nem) pro Quadratzentimeter Sitzhöhequadrat, das Minimum 0·3 Gramm Milchwert (3 Decinem) pro Quadratzentimeter, das Optimum schwankt zwischen diesen beiden Werten je nach den Anforderungen, die an den Organismus gestellt werden.

Die Zeiten für die Nahrungsaufnahme und die bei jeder Mahlzeit einzunehmende Mengen werden einheitlich geregelt.

Nach Körpergröße und Funktion werden die Menschen in Nahrungsklassen eingeteilt, was eine sehr übersichtliche Verteilung der Nahrung möglich macht.

Reformen im Betriebe der Massenspeisungen, der Nahrungsmittelzuweisung, der Gasthausküche werden auf derselben Grundlage vorgeschlagen.

Tafel zur Ernährung des Menschen.

Die Besprechung des Brennstoff- und Eiweißwertes aller einzelnen Nahrungsmittel hat eine Fülle von Zahlenangaben nötig gemacht, die man weder im Kopfe behalten noch bei der Auswahl jedes Nahrungsmittels nachschlagen kann. Zur praktischen Verwendung des Zahlenmaterials war es daher notwendig, eine möglichst einfache und übersichtliche Zusammenfassung in Tabellenform auszuführen.

Diesem Zwecke dienen drei Tafeln. Die erste, „Ernährung des Menschen", erlaubt die Zusammenstellung der Tagesnahrung für Menschen jeden Alters.

Die zweite, „Einkauf von Nahrungsbrennstoff", dient dazu, um die jeweiligen Marktpreise der Nahrungsmittel mit ihrem Nährwerte zu vergleichen und diejenigen Nahrungsmittel auszusuchen, welche gerade am preiswürdigsten sind.

Die dritte, „Einkauf von Nahrungseiweiß", bildet eine Ergänzung der zweiten und gestattet die Preisübersicht beim Einkauf der eiweißreichen Nahrungsmittel.

Die erste Tafel, „Ernährung des Menschen", besteht aus drei Teilen: aus den Liniensystemen des Mittelstücks, aus der Anordnung der Nahrungsmittel auf der linken Seite und aus dem Dreieck rechts unten[1]).

a) Die Liniensysteme des Mittelstücks. (Fig 9.)

α) Die vertikalen Linien. In gleichmäßigen Abständen von 1 mm sind vertikale Linien gezogen, von denen jede zehnte stärker ausgeführt ist. Wie die Beschriftung am oberen Rande anzeigt, bedeutet

---

[1]) Die Tafel in Originalgröße ist auch einzeln beim Verlage Julius Springer zu beziehen. (Preis auf Pappe aufgezogen 2 Mark 40 Pf.)

jeder Abstand den Wert von einem Hektonem, jeder zehnte Abstand den Wert von einem Kilonem. Auf der Textfigur (Fig. 1) haben 100 mm den Wert von 10 Kilonem oder 10 000 Nem. Auf der großen Tafel sind alle Abstände $2^1/_2$ mal größer.

β) Die horizontalen Linien. In ungleichmäßigen Abständen sind 21 horizontale Linien gezogen. Sie sind dort eingelegt, wo sie dem Werte bestimmter Nahrungsmittelgruppen entsprechen. Die Anordnung findet ihre Erklärung in dem Maßstabe am linken Rande der Tafel. Der Maßstab beginnt links unten mit einem Wert von 0,1 Nem pro Gramm Nahrungsmittel und läuft in logarithmischer Verkürzung bis zum Werte von 15 Nem in 1 g Nahrungsmittel. 100 mm Distanz bedeuten hier das Verhältnis im Werte von 1 : 100.

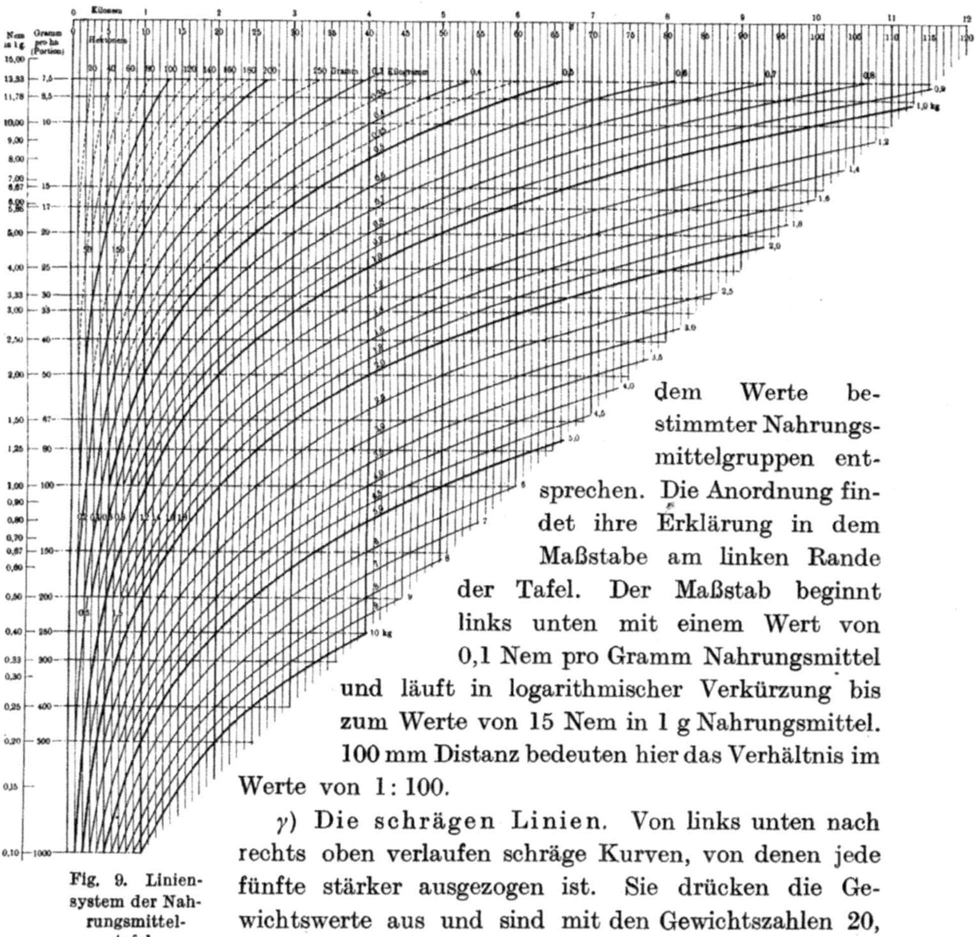

Fig. 9. Liniensystem der Nahrungsmitteltafel.

γ) Die schrägen Linien. Von links unten nach rechts oben verlaufen schräge Kurven, von denen jede fünfte stärker ausgezogen ist. Sie drücken die Gewichtswerte aus und sind mit den Gewichtszahlen 20, 40 usw. bis 250 g und 0,3 bis 10 kg bezeichnet.

Die drei Liniensysteme erlauben eine graphische Umrechnung des Gewichtswertes eines Nahrungsmittels in seinen Milchwert und umgekehrt.

Nehmen wir als Beispiel die Butter. Welchen Nahrungswert haben 180 g Butter? Wir gehen auf der zweiten horizontalen Linie (die links bei der Zahl 11,78 beginnt) bis zu dem Punkte, wo sie von der schrägen Linie 180 (Gramm) geschnitten wird, und sehen nach, mit welchem Punkte der vertikalen Teilung der Schnittpunkt zusammenfällt. Er liegt bei der vertikalen Linie von 21 Hektonem: 180 g Butter haben den Nahrungswert von 21 Hektonem oder von 2100 Nem.

Die umgekehrte Rechnung erfolgt dann, wenn wir das Gewicht zu einem bestimmten Nahrungswerte suchen. Wir sollen 70 Hektonem in Form von Butter verabreichen. Wieviel Gewicht Butter brauchen wir dazu? Wir suchen auf der Butterlinie den Punkt auf, wo die vertikale Linie 70 schneidet, und sehen, daß hier die schräge Linie 0,6 kg ebenfalls schneidet: 0,6 kg Butter sind 70 Hektonem oder 7000 Nem.

b) Linke Seite der Tafel: Anordnung der Nahrungsmittel.

Die erste Säule auf der linken Seite gibt den Wert in Nemrechnung an, den ein Gramm des Nahrungsmittels besitzt; z. B. enthält die erste angeführte Nahrungsmittelgruppe — wasserfreie Fette — in 1 g Substanz den Wert von 13,3 g Milch, von 13,3 Nem. Die nächste Säule gibt einen reziproken Wert an: die Anzahl der Gramm Substanz, in welchen 100 Nem Milchwert (eine Hektonem-Portion) enthalten ist. Nehmen wir als Beispiel den Speck: 1 g Speck enthält 10 Nem, folglich enthalten 10 g Speck 100 Nem, ein Hektonem. Der Zucker enthält in einem Gramm 5,9 Nem; 17 g Zucker haben den Wert eines Hektonems.

Die dritte Säule gibt die Zahl an, mit welcher man in der Praxis rechnet, wenn aus dem Gewicht des Nahrungsmittels die Anzahl der Hektonem bestimmt werden soll.

Z. B. 1 kg Fett enthält $^{400}/_{3}$ Hektonem. Wie viele Hektonem sind in 5 kg Fett? Ich multipliziere mit 400, das macht 2000 und dividiere durch 3, das Resultat ist 667.

Die Tabelle enthält alle jene Nahrungsmittel, welche in der Küche meiner Klinik regelmäßig oder gelegentlich verwendet werden. Die Aufzählung läßt sich nach Bedarf ausdehnen, indem man andere Rohprodukte oder Speisen in der in den früheren Kapiteln angeführten Weise berechnet und anfügt. (S. S. 143.)

Ich will hier nochmals bemerken, daß alle diese Angaben als annähernde, vorläufige, auf Grund der chemischen Analysen und Ausnützungsversuche aufgestellte Werte anzusehen sind; der Forschung der nächsten Zeit bleibt es vorbehalten, durch ausgedehnte praktische Versuche die Richtigkeit dieser Normen zu kontrollieren. Ich hoffe, daß in einigen Jahren alle Zahlen auf dem praktischen Vergleiche mit dem Milchwerte aufgebaut sein werden.

Nem in einem Gramm	Hektonem wiegt g	Hektonem in einem Kilogramm (rund)	Nahrungsmittel Die Zahl neben dem Nahrungsmittel bedeutet den Eiweißwert. O ohne Eiweißwert, $^1/_2$ halber Eiweißwert, fr. frisch, tr. trocken. eingekauft	in der Küche zubereitet
13,3	7,5	400/3	Wasserfreies **Fett**: Rindstalg O, Schweineschmalz O, Öl O	—
11,8	8,5	120	**Butter** O, Margarine O	—
10,0	10	—	Speck $^1/_2$	—
6,7	15	200/3	Grieben 4, Vollmilchpulver 2, fette Wurst 1	— —
5,9	17	60	**Zucker** O, Kakaopulver 1, Schokolade $^1/_2$	
5,0	20	50	Schinken 3, Rauchfleisch 3, fr. Fleisch fett 2, **Käse:** Magerkäse 4, Fettkäse 3, kondens. Milch mit Zucker 1, Magermilchpulver 4, **Mehl:** Getreidemehl 1, Hülsenfruchtmehl 2, Teigwaren tr. 1, Zwieback 1, Reis 1, Stärkemehl O, Honig O, Sirup O	Fette Mehlspeisen 1
4,0	25	40	Fischeier 4, Blutwurst 1, tr. Hülsenfrüchte 2, Weizen**brot** fein 1	—
3,3	30	100/3	Kondens. Milch ohne Zucker 2, tr. Äpfel, Pflaumen $^1/_2$, Dörrgemüse 1—3, Misch**brot** 1	Marmelade O
3,0	33	30	Schwarzbrot 1	Leichte Mehlspeise 1
2,5	40	100/4	Fr. Fleisch mittelfett 4, fr. Fisch fett 4, **Ei 3**	Zubereitetes Fleisch 6
2,0	50	20	Fr. Fleisch mager 6, fr. Leber, Niere 5	Doppelnahrung: Grießbrei (Gid) 1, Gemüse zubereitet: Hülsenfrüchte 2, Spinat 1, Kohl, Sauerkraut, Reis $^1/_2$
1,5	67	30/2	—	Zubereiteter Fisch 1
1,25	80	50/4	Lunge, Blut 7, fr. Fisch mager 7, **Kartoffel** $^1/_2$	—
1,0	100	10	**Milch:** Frauenmilch 1, Kuhmilch 2, Gartenerbsen grün 2, Weintrauben $^1/_2$, Zuckerrüben $^1/_2$	Gleichnahrung: Rog O, Weg O, Kuweg 1, Kurog 1, Gemüse zubereitet: Kart. $^1/_2$, Milchspeise 1, dicke Suppe 1

(Fortsetzung.)

Nem in einem Gramm	Hektonem wiegt g	Hektonem in einem Kilogramm (rund)	Nahrungsmittel. Die Zahl neben dem Nahrungsmittel bedeutet den Eiweißwert. O ohne Eiweißwert, ½ halber Eiweißwert, fr. frisch, tr. trocken. eingekauft	in der Küche zubereitet
0,67	150	10/3	Fr. Obst ½, Fruchtsäfte O	—
0,5	200	10/2	Magermilch zentr. 4, Schnittbohnen 2, Mohrrüben 1	Halbnahrung: dünne Suppe 1
0,4	250	4	Fr. Spinat 3, Kohl, Blumenkohl 2, Kohlrüben 1	—
0,3	300	3	Sauerkraut 2	—
0,25	400	10/4	Spargel 2, Tomaten 2	—
0,2	500	2	Kopfsalat 2, Gurken 2	Fünftelnahrung: Ref 1, Sarof 0
0,1	1000	1	—	Fleischbrühe 3

Die Nahrungsmittel sind in zwei Hauptgruppen geteilt: Links stehen die, welche wir als Rohprodukte oder in gebrauchsfertigem Zustande einkaufen und rechts jene, welche wir erst in der Küche zubereiten. Zu den Rohprodukten rechnen wir die tierischen und pflanzlichen Nahrungsmittel — Fleisch und Mehl —, die wir nicht direkt genießen können; dann Nahrungsmittel, die ohne besondere Zubereitung genossen werden können, wie Milch, Obst. Die Nahrungsmittel, welche in gebrauchsfertigem Zustande eingekauft werden, weil sie außer dem Hause ihre Zubereitung durchgemacht haben, nehmen eine Mittelstellung ein, wie geräuchertes Fleisch, Brot usw.

Bemerkungen zu den Zahlen der einzelnen Nahrungsmittel.

Die Mehlspeisen sind an zwei Orten untergebracht: als fette Mehlspeisen mit 5 Nem per Gramm und als leichte Mehlspeisen mit 3 Nem per Gramm. Diese Einteilung ist eine sehr willkürliche, weil die Zusammensetzung der Mehlspeisen eine sehr variable ist. Je nachdem, ob viel oder wenig Fett, ob Milch, ob Ei verwendet wird, insbesondere je nachdem die Speisen stark ausgebacken sind, also nach dem Wassergehalt, schwanken die Nährstoffe sehr beträchtlich. Es ist daher eine verläßliche Wertung nur dann möglich, wenn man sich in der Küche an eine bestimmte Zusammensetzung der Mehlspeisen hält.

Ähnlich ist es mit den Würsten. Auch diese müssen in bestimmter Art zusammengesetzt werden, um ihren Nährwert als etwas Festes zu betrachten.

Für die Gemüsespeisen unseres Krankenhauses habe ich das Prinzip der Zusammensetzung früher (S. 21) gebracht; sie sind alle entweder als Doppelnahrung — doppelt so stark als die Milch — oder als Gleichnahrung — im gleichen Nährwerte mit der Milch — zusammengesetzt.

Zu der Gleichnahrung zählt ferner die 17 proz. Rohrzuckerlösung, die wir zur Verdünnung der Vollmilch, zur Herstellung von Kaffee, Kakao usw. benutzen, sowie die Kombinationen Kuhrog und Kuhweg; als Fünftelnahrung wird Reis- und Haferschleim zubereitet (S. 20).

Für die Suppe gilt das bei den Mehlspeisen Gesagte: dicke Suppe soll als Gleichnahrung, dünne Suppe als Halbnahrung zubereitet werden. Klare Bouillon wird als Zehntelnahrung angenommen. Nach den Untersuchungen von Schwenkenbecher variiert ihr Nährstoffgehalt zwischen 6—18 Nem in 100 g.

Fleisch. Das gebratene und gekochte Fleisch ist nicht dem frischen Fleische gleichzusetzen. Beim Braten verliert das Fleisch 15—50% seines Gewichtes durch Wasserverdampfung; dementsprechend steigt der prozentische Gehalt an Nährsubstanzen. Andere Schwankungen entstehen durch das Abtropfen des geschmolzenen Fettes, und wieder durch Zufügen von Fett.

Nach der Zusammenstellung von König II. Band S. 1449 schwankt der Gehalt von 1 g gebratenen Fleisches zwischen 2,3 n und 3,8 n:

3,8 n Schweinskotelett, Schweinebraten.
3,5 n Beefsteak.
3,4 n Hasenbraten.
3,1 n Rinderbraten, Hahnenbraten.
2,9 n Hammelkotelett.
2,7 n Kalbsbraten.
2,6 n Lendenbraten.
2,5 n Kalbsbraten, Rehbraten.
2,4 n Hammelbraten
2,3 n Roastbeef.

Nur das Schweinefleisch ist von vornherein durch seinen Fettgehalt in seinem Brennwerte sehr hoch, zwischen den anderen Fleischgattungen besteht kein prinzipieller Unterschied: Der Wert per Gramm hängt im wesentlichen von der Intensität des Ausbratens, also vom Wassergehalt ab. Für mageres Fleisch und leichtes Braten nehme ich einen Durchschnittswert an, der der unteren Grenze nahe liegt: 2,5 n per Gramm. Damit ist für das Hektonem Braten ein Gewicht von 40 g festgelegt.

Untersuchen wir jetzt den Eiweißgehalt dieser 3 Hektonem von 40 g. Wie viel Nem Eiweiß ist in jedem Hektonem enthalten? Ein Gramm Eiweiß aus Muskelsubstanz wird mit 6 n angenommen.

In der Hektonem-Portion von 40 g sind enthalten Eiweißnem:

110 Hasenbraten;
90 Hahnenbraten;
70 Beefsteak, Rinderbraten, Kalbsbraten, Schweinebraten, Rehbraten;
60 Lendenbraten, Roastbeef, Hammelbraten;
50 Kalbsbraten, Schweinskotelett, Hammelkotelett.

Ich sehe von den übermäßig hohen Zahlen des Hasen- und Hahnenbratens ab, die nur durch eine rechnerische Verschiebung entstanden sind, und nehme als mittlere Eiweißmenge 60 Eiweißnem auf 100 Gesamtnem an. Ich rechne also auf ein Hektonem Braten 60 Nem oder 6 Dekanem Eiweiß.

Beim Kochen und Dünsten des Fleisches ist die Wasserabgabe eine geringere. Die Schwankungen im Gehalte von 1 g so zubereiteten Fleisches betragen (nach der Tabelle König II, S. 1449):

3,4 n Schweinefleisch, mager;
3,0 n Rindfleisch, mager;
2,9 n Hühnerfleisch;
2,2 n Kalbfleisch, mager.

Ich nehme wieder einen niederen Mittelwert von 2,5 Nem per Gramm und damit eine Hektonemgröße von 40 g an. Diese enthält dann an Eiweiß-Nem in 100 Gesamtnem:

Rindfleisch 83, Hühnerfleisch 82, Schweinefleisch 68, Kalbfleisch 63.

Hier liegt wohl der Durchschnitt erheblich über 60. Da ich aber bei der Eiweißbewertung mich nicht so sehr an den Durchschnitt halte, als an die Menge von Eiweiß, auf die man mit Sicherheit rechnen kann, nehme ich auch das gekochte und gedünstete Fleisch mit 6 Dekanem Eiweiß per Hektonem an.

Das Fischfleisch verliert bei der üblichen Zubereitung weniger Wasser als das Muskelfleisch der Warmblüter, verschiebt sich also weniger von den Ausgangswerten.

Ich berücksichtige folgende Zahlen von König II, S. 1447, 1449.

1,7 n pro Gramm	Schellfisch, gebraten;
1,6 n „ „	Bachforelle, Kabeljau, Schellfisch gekocht;
1,4 n „ „	Hecht, gekocht.

Als Durchschnitt für zubereitetes Fischfleisch nehme ich 1,5 n per Gramm und damit das Gewicht von 67 g für ein Hektonem an.

Der Eiweißwert stellt sich dann auf:

90 Schellfisch, gebraten und gekocht, Kabeljau;
80 Hecht;
70 Bachforelle.

Als Eiweißwert nehme ich wieder einen niederen Wert an, um sicher zu gehen: 7 Dekanem Eiweiß per Hektonem.

Schinken, Rauchfleisch, Fleischwurst werden durch Kochen in ihrer Zusammensetzung nicht wesentlich geändert (König II, S. 1447):

6,4 n	pro	Gramm	Geräucherte Ochsenzunge, gekocht;
5,8 n	„	„	Geräucherte Mettwurst, gekocht;
5,2 n	„	„	Schinken, gekocht.

Für diese Sorten ist ein Mittelwert von 5 n per Gramm angenommen, und damit eine Hektonemgröße von 20 g.

Der Eiweißgehalt eines Hektonems beträgt: 32 Zunge, 30 Schinken, 29 Mettwurst; er wird, wie bei der ungekochten Substanz, mit 3 Dekanem Eiweiß per Hektonem angenommen.

Die Gewürze und jene Gemüse, wie Zwiebel, Knoblauch usw., die nicht in größerer Menge, sondern nur zur Verbesserung des Geschmackes in die Nahrung genommen werden, habe ich in den Tabellen nicht angeführt, weil ihr Brennstoff- und Eiweißgehalt in der praktischen Ernährung vernachlässigt werden können. Auch die Geschmackszusätze, die wir zur Milch zugeben, wie Kaffee (s. S. 139), Tee, lohnen die Einrechnung nicht. Von diesen, sowie von Feigen- und Malzkaffee wird kein bedeutender Prozentsatz extrahiert. Nur der Kakao, der ja nicht wie Kaffee und Malzkaffee abgeseiht wird, lohnt die Berechnung, wenn er in größeren Mengen verwendet wird.

Nach den Angaben von Schloßmann und Sommerfeld hätte Kakao van Houten 6,4, Haferkakao 6,2, Schokolade 6,9 n im Gramm. Da aber von der Stickstoffsubstanz nur etwa die Hälfte ausgenützt wird, habe ich den Gesamtwert nur in der Höhe des Zuckers mit 5,9 angenommen, das Hektonem mit 17 g. Der Gehalt an Stickstoffsubstanz beträgt bei Kakao (König II, S. 1494) 20—22%; davon ist aber nur ein kleiner Teil verdauliches Eiweiß. Im Hektonem sind 3,6 g Stickstoff enthalten; dieser stellt, wenn wir die Hälfte als verdauliches Eiweiß annehmen, 11 Nem Eiweiß vor; ich nehme darum den Kakao mit eine Dekanem Eiweiß pro Hektonem in Rechnung. In der Schokolade beträgt die Stickstoffsubstanz nur 6%, im Hektonem ist also nur 1 g davon enthalten, oder etwa 3 Nem verdauliches Eiweiß. Schokolade wird daher als halbwertig gerechnet.

Bemerkungen zu den Eiweißzahlen der Tabelle.

Die Zahl neben jedem Nahrungsmittel bedeutet den Eiweißgehalt im Verhältnis zum Brennstoffgehalt, wobei die Frauenmilch als Einheit dient (s. S. 43). Ich muß dazu bemerken, daß es mir voll bewußt ist, daß die Berechnung des Eiweißgehaltes sehr willkürlich ist. Wie schon früher erwähnt, ist nicht einmal die rein chemische Zahlengebung eine einwandfreie: die Eiweißzahlen werden durch Multiplikation des gefundenen Stickstoffes mit 6,25 bzw. 6,37 (bei der Milch) berechnet, obwohl die Begründung dieses Verfahrens nur auf Durchschnittswerten beruht. Die zweite Schwierigkeit liegt darin, daß nicht der ganze gefundene Stickstoff sich auf wirkliches, baufertiges Eiweiß bezieht; die Abbauprodukte (Amide, organische Basen usw.) enthalten noch den Stickstoff, aber nicht mehr alle Einzelbausteine des Eiweißes; wenn der Organismus sie aufnimmt, ist er nicht imstande, aus ihnen allein ein fertiges Eiweißmolekül aufzubauen. Die tierischen Nahrungsmittel enthalten fast allen Stickstoff als richtiges Eiweiß, bei den pflanzlichen Nahrungsmitteln nehmen aber die minderwertigen Derivate einen breiten Raum ein. So gibt Kellner für mittlere Kartoffeln 2,1% Rohprotein an, von dem die Hälfte, 1,1%, verdaulich ist; nach seiner Ansicht ist aber nur ein Zwanzigstel des Rohproteins, ein Promille des Gesamtgewichtes der Kartoffel verdauliches echtes Eiweiß. Hindhede hat dagegen praktisch nachgewiesen, daß der Mensch mit Kartoffeln, die noch dazu mit eiweißlosem Fett verdünnt sind, lange Zeit auskommen kann, und er führt die Futterrezepte Sörensens an, aus denen hervorgeht, daß die Kartoffeln auch bei Schweinen eine befriedigende Eiweißwirkung haben. Diese Versuche sprechen dafür, daß ein bedeutenderer Teil des Kartoffel-Rohproteins, als es Kellner annimmt, Eiweißdienste leisten kann. Ich nehme die Kartoffel als halbwertig an.

Die dritte Schwierigkeit in der Beurteilung des Eiweißes liegt darin, daß mehrere Physiologen auf Grund der Vertretung im Stoffwechselversuche annehmen, daß das Eiweiß der verschiedenen Nahrungsstoffe für den Menschen ganz verschiedenartig wirkt, und zwar ungefähr um so weniger wert ist, je weiter der betreffende Organismus vom Menschen in der Naturreihe absteht: Das eigene Eiweiß ist das ausgiebigste, dann kommt das tierische, während das pflanzliche sehr minderwertig ist.

Sollen wir wegen dieser Schwierigkeiten die ganze Eiweißfrage vorsichtshalber stehenlassen und gar keine Meinung äußern? Wenn wir in die Praxis der Ernährung hineingesetzt sind, können wir nicht umhin, gewisse praktische Regeln aufzustellen, wenn auch die wissenschaftlichen Vorbedingungen zu einem exakten Urteile noch nicht gegeben sind.

Die praktische Beurteilung des Eiweißgehaltes ist nicht überflüssig: wir können dadurch eine übermäßige Dosierung hintanhalten und andererseits die ungenügende Eiweißmenge vermeiden. Wenn Hindhede glaubt, daß diese Gefahr eine sehr geringe ist, nachdem man bei einigermaßen mittlerer Kost immer genügend Eiweiß gebe, so kann ich dem doch nicht beistimmen. Ich glaube, daß — insbesondere bei Stillung des Brennstoffbedarfes mit Zucker — diese Unterschreitungen vorkommen (Anämie der Zuckerbäcker) und daß wir mit der Regulierung des Eiweißes auch eine gewisse Kontrolle der Nährsalze haben, die in den meisten Nahrungsmitteln mit dem Eiweiß einigermaßen parallel gehen.

Ich halte darum an den Eiweißwerten fest, wie sie uns die chemische Untersuchung ergibt, in der Erwartung, daß sich einmal eine bessere Methode der Beurteilung finden wird und in der ausdrücklichen Betonung, daß ich die gegenwärtige Lösung der Frage nicht als eine definitive ansehe.

c) Dreieck zur graphischen Bestimmung der Tagesmenge.

Mittels des „Ernährungsdreiecks" läßt sich die individuelle Dosierung der Nahrungsmenge nach der Darmfläche graphisch durchführen.

An dem Dreieck *ABC* (Fig. 10 auf S. 121) sind zu unterscheiden: die vertikale Kathete *CB* mit ihren Teilungspunkten, welche die Aufschriften 20 bis 100 tragen; die horizontalen Linien *AB* und ihre Parallelen A_{99}, B_{99} usw.; endlich die schrägen Linien, die von der Spitze *C* ausgehen und die Grundlinie *AB* in zehn gleiche Abschnitte teilen.

An der vertikalen Kathete *CB* sind die Sitzhöhen von 20 bis 100 eingezeichnet. Die ganze Kathete *CB* ist in der Textfigur 100 mm lang, in der Originaltafel 250 mm, dieselbe Länge, die ich auch auf der linken Seite der Tafel als Grundmaß für die horizontale und für die vertikale Zahlengebung benutzt habe. Hier entspricht sie der Sitzhöhe von 100 cm. Die übrigen Zahlen auf der Linie *CB* sind so eingezeichnet, daß sich die Entfernung von der Spitze *C* so zur Länge *CB* verhält, wie die Quadrate der betreffenden Sitzhöhenzahl zum Quadrate der Sitzhöhe 100.

$$CB_{80} : CB_{100} = 80^2 : 100^2 = 6400 : 10\,000 = 64 : 100.$$

Da das Quadrat 10000 mit in der Textfigur 100 mm ausgedrückt wird, ist die Strecke CB_{80} gleich 64 mm.

Die erste eingezeichnete Sitzhöhe ist die einer sehr kleinen Frühgeburt: 20 cm. Die Strecke CB_{20} ist nach der Rechnung $CB_{20}:CB_{100} = 20^2:100^2 = 400:10\,000 = 4:100$ vier mm lang.

Durch die horizontalen Linien bei jeder einzelnen Zahl sind ebenso viele rechtwinklige Dreiecke gebildet, welche alle dem großen Dreiecke ABC ähnlich sind, weil die Winkel gleich sind. Die einzelnen horizontalen Linien verhalten sich wie die entsprechenden Vertikalen:

$$A_{99}B_{99}:A_{100}B_{100} = B_{99}C:B_{100}C.$$

Da die Dreiecke gleichschenkelig sind ($AB = BC$), so sind alle horizontalen Strecken gleich dem Abstand des B-Punktes von der Spitze C:

$$A_{99}B_{99} = B_{99}C.$$

Da nun diese Strecken dem Quadrate der betreffenden Zahlen proportional sind, so sind es auch die horizontalen Strecken.

$A_{100}B_{100}$ entspricht dem Quadrat der Sitzhöhe von 100 cm, also 10 000 qcm. Dies ist, nach dem im vorigen Kapitel Gesagten, das Maß der Darmfläche für die Sitzhöhe 100. Die nächste Linie $A_{99}B_{99}$ entspricht dem Maß der Darmfläche eines Menschen von der Sitzhöhe 99.

Die maximale Nahrungsmenge, die ein Mensch pro Tag zu sich nimmt, beträgt 1 g Milch — ein Nem — pro Quadratzentimeter Darmfläche. Die horizontalen Linien AB stellen also auch das maximale Nahrungsmaß des Menschen vor, wenn man statt Quadratzentimeter Darmfläche 1 g Milch setzt. 100 mm bedeuten ebensowohl 10 000 qcm Darmfläche wie 10 000 Nem Nahrungsmenge, oder 100 Nem Nahrungsmenge entsprechen der Länge von 1 mm. Das ist derselbe Maßstab, welcher auf der linken Seite der Tafel für den Nahrungswert der einzelnen Nahrungsmittel verwendet worden ist. Dies ermöglicht es uns, jede im Dreieck gefundene Nahrungsmenge sofort graphisch auf die linke Seite zu übertragen.

Die schrägen Linien des Dreiecks teilen die Grundlinie AB und damit alle parallelen Horizontallinien in zehn gleiche Teile. Ich habe früher ausgeführt, daß die Nahrungsmenge von 1 Nem pro Quadratzentimeter Darmfläche das Maximum darstellt, während 3 Decinem pro Quadratzentimeter Sitzhöhequadrat oder 3 dnsq das Minimum der Lebenserhaltung, 4—6 dnsq Siqua gewöhnlich das Optimum bildet.

Die schrägen Linien geben nun direkt die Decinem Siqua für jede einzelne Sitzhöhe an.

Der Maßstab rechts unten ermöglicht die Ablesung dieser Nahrungsmengen. Die 100 mm des Maßstabes sind in 100 Teile geteilt, deren jeder einem Hektonem entspricht. Darunter ist außerdem die Ablesung in Calorien möglich, und zwar in ausgenützten, großen Calorien, welche ungefähr der Nemrechnung entsprechen. (1000 Calorien = 15 mm des Maßstabes.)

Rechts habe ich noch die durchschnittliche Sitzhöhe in den einzelnen Lebensaltern — nach den Messungen von Weissenberg — angebracht. Vom 2. bis zum 10. Jahre sind beide Geschlechter vereint; im 11. Lebensjahre sind die Mädchen durch die frühe Pubertät voran, bleiben dann aber nach dem 15. Jahre stehen, während die Knaben noch über das 17. Jahr hinaus wachsen. Die Durchschnittsfrau ist mit 82 cm Sitzhöhe (Darmfläche 6700 qcm), der

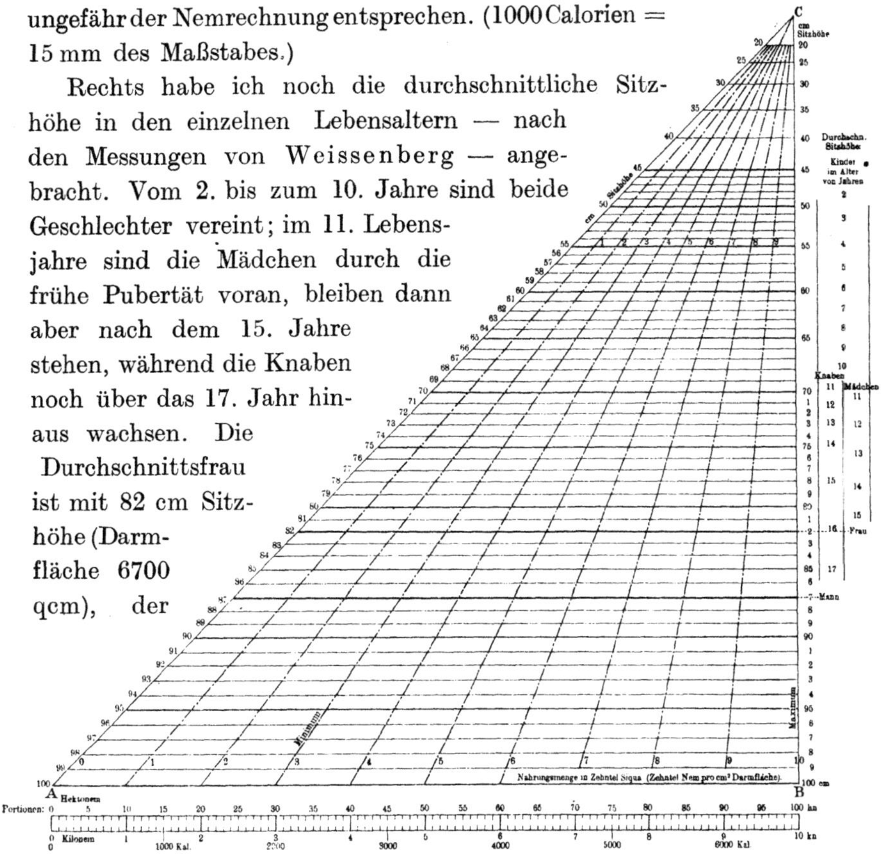

Fig. 10. **Ernährungsdreieck.**

Durchschnittsmann mit 87 cm Sitzhöhe (Darmfläche 7600 qcm) angenommen (s. S. 104).

Berechnung der Tagesnahrung.

Um die Nahrungsmenge für eine bestimmte Person festzusetzen, muß zunächst Alter und Beschäftigung oder Krankheitszustand, dann die Sitzhöhe bekannt sein.

Optimum. Zuerst wird, nach Lebensalter und Funktion des Individuums, das Optimum festgestellt, wobei zu der Grundlage von 3 dnsq für innere Arbeit die Zuschläge für Längen- und Gewichtswachstum, Stehen, Gehen, körperliche Arbeit, Milchsekretion, gemacht werden, z. B.:

6 monatiger Säugling, Innenarbeit 3, Wachstum 1, Sitzen im Bett 1, Summe 5 Decinem Siqua.

6 jähriges gesundes lebhaftes Kind, Innenarbeit 3, Wachstum 1, Stehen und Spielen 3, Summe 7 dnsq.

14 jähriges Mädchen, Innenarbeit 3, Wachstum 1, sitzende Beschäftigung 1, Summe 5 dnsq.

20 jähriger Schaffner, Innenarbeit 3, stehende Beschäftigung 2, Summe 5 dnsq.

40 jähriger Schmied, Innenarbeit 3, körperliche Arbeit 4, Summa 7 dnsq.

Darmfläche. Zweitens wird aus der Sitzhöhe die Darmfläche bestimmt, indem die Sitzhöhenzahl mit sich selbst multipliziert wird (Siqua);

drittens ist das Optimum mit der Darmfläche zu multiplizieren:

Optimale Tagesnahrung = Optimum mal Darmfläche.

Die Berechnung der Tagesnahrung geschieht dann folgendermaßen:

Beispiel: 30 jährige Frau, Sitzhöhe 82, stehende Beschäftigung. Optimum: $3 + 2 = 5$ dnsq. Da die Sitzhöhe 82 ist, ist Siqua 6724; Optimum mal Siqua ist $\frac{5}{10}$ mal 6724, also 3362 Nem, oder rund 34 Hektonem.

Graphische Bestimmung der Tagesnahrung vermittels des Dreieckes.

Das Dreieck erlaubt ohne jede Rechnung eine einfache graphische Bestimmung der notwendigen Nahrungsmenge.

Nehmen wir die früher genannte Frau von 82 cm Sitzhöhe und stehender Beschäftigung. Ich lege einen Streifen Papier an die horizontale Linie bei der Zahl 82 und mache dort eine Marke, wo die schräge Linie 5 Decinem Siqua an die Linie 82 anstößt. Dann schiebe ich das Papier zum Maßstab hinab und sehe nach, wie vielen Hektonem die abgemessene Strecke entspricht. Die Marke liegt bei 34, also bei der Zahl, die wir früher rechnerisch bestimmt haben.

Graphische Bestimmung der möglichen Arbeitsleistung bei einer bestimmten Tagesnahrung vermittels des Dreieckes.

Das Dreieck kann noch in verschiedenartiger anderer Weise verwendet werden: aus einer gegebenen Tagesnahrung kann z. B. berechnet werden, zu welchen Leistungen ein bestimmter Mensch dadurch befähigt wird. Die Tagesnahrung betrüge z. B. 2000 Reincalorien oder 3000 Nem. Wir zeichnen die Strecke von 30 Hektonem nach dem unteren Maßstabe auf einem Papierstreifen an und gehen zu den Horizontallinien des Dreiecks hinauf. Bei dem größten Sitzhöhenmaße von 100 cm — das Maß eines sehr großen Mannes — bilden die 30 Portionen gerade das Minimum, eine Menge, mit der er nur dann auskommt, wenn er ruhig im warmen Bette liegen bleibt. Sobald er Arbeit leistet, oder auch nur aufsteht, muß er bei dieser Nahrungsmenge schon von seinem eigenen Fett zusetzen und wird im Gewicht abnehmen. Für einen Mann von Mittelgröße hingegen (Sitzhöhe 87) bilden 30 Portionen 4 dnsq, diese Nahrungsmenge wird ihn instand setzen, eine sitzende Beschäftigung auszuüben, ohne abzunehmen. Eine kleine Frau von 78 Sitzhöhe kann mit derselben Nahrung sich stehend beschäftigen. Für einen 9jährigen Knaben von 66 cm Sitzhöhe bilden 30 Hektonem eine Nahrungsmenge, die lebhaftes Spiel und gleichzeitige Zunahme gestattet. Wenn der Vater dieses Knaben Mittelgröße und eine sitzende Beschäftigung hat, werden Vater und 9jähriger Sohn die gleiche Nahrungsmenge verzehren.

Anwendung der ganzen Ernährungstafel.

Da der Maßstab der Nahrungsmitteltafel (Fig. 9) und der Maßstab des Ernährungsdreieckes (Fig. 10) identisch sind, können beide zusammen zur Lösung von Ernährungsaufgaben verwendet werden, indem zuerst die optimale Tagesnahrung im Ernährungsdreieck bestimmt wird, und dann die einzelnen Nahrungsmittel auf der Nahrungsmitteltafel gesucht werden.

Ich gebe nun praktische Beispiele, wie ich die ganze Tafel anwende.

1. Beispiel. Ein gesundes gut genährtes, ruhiges zweijähriges Kind von 49 cm Sitzhöhe soll nur mit Kuhmilch ernährt werden.

a) Bestimmung des Optimums. Für die innere Arbeit rechnen wir 3 dnsq ($^3/_{10}$ n pro Quadratzentimeter Sitzhöhequadrat), für Wachstum 1 für Bewegung 2, Summe 6 dnsq.

b) Bestimmung der optimalen Tagesnahrung. Ein Kärtchen wird mit seinem linken oberen Rande an die der Sitzhöhe 49 entsprechende Horizontallinie des Dreiecks gelegt, und an der Stelle, wo die schräge Linie 6 die horizontale Linie schneidet, wird ein Bleistiftstrich gemacht.

Wir setzen nun das Kärtchen am Maßstabe rechts unten an und sehen, daß die angemerkte Strecke 14 Hektonem entspricht. Wir gehen nun hinüber auf die Nahrungsmitteltafel und suchen die horizontale Linie der Milch auf (bei der Ziffer 1,00). Das Kärtchen wird angelegt, und wir sehen, daß dort, wo die Marke sitzt, die schräge Linie 1,4 (1400 g) die Horizontale schneidet. Dies entspricht 1400 g Milch oder 1400 Nem, welche für das Kind die optimale Tagesnahrung bilden.

2. Beispiel. Bei der Ernährung von Holzhauern ist für einen Tag nur mehr Schwarzbrot zur Verfügung. Wieviel müßten sie pro Kopf essen, um nicht abzunehmen?

Als Optimum nehmen wir an 7 dnsq, als durchschnittliche Sitzhöhe 88 cm. 7 dnsq, an der Horizontalen von 88 cm Sitzhöhe gemessen, ergibt — auf dem Maßstabe rechts unten — 54 Portionen oder 5400 Nem.

Wir sehen nun in der Horizontalen von „Schwarzbrot" (3,0 Nem im Gramm) nach, wieviel Gramm Substanz wir zu 54 Portionen brauchen. Die schräge Linie, welche die Brotlinie bei der Marke 54 schneidet, trägt die Aufschrift 1,8 kg. Jeder Holzhauer müßte 1800 g Schwarzbrot essen, um nicht abzunehmen, eine Brotmenge, welche höchstens nach langer Übung zu bewältigen wäre.

3. Beispiel. Ein 40jähriger Mann von 90 cm Sitzhöhe soll wegen einer Ösophagusstriktur flüssig ernährt werden. Milch, Eier und Zucker stehen zur Verfügung. Der Mann ist stark abgemagert und bettlägerig.

a) Bestimmung des Optimums: Für innere Arbeit 3, für Zunahme 2, Summe 5 dnsq.

Das Kärtchen wird am Dreieck an die Horizontale 90 angelegt, bei der schrägen Linie 5 dnsq die Marke angebracht. Die Messung am Maßstabe rechts unten ergibt 40 Hektonem, den Nahrungswert von 4000 g Milch.

b) Auswahl der Nahrungsmittel. Wir legen das Kärtchen auf der linken Seite der Tafel bei den Horizontalen von Milch, Ei, Zucker an, und achten auf die schrägen Linien. Wenn wir den Kranken lediglich mit Milch nähren wollen, so brauchen wir 4 kg Milch; wenn wir allein Zucker verwenden, so werden wir mit 700 g Zucker den genügenden Brennstoff geben. Wenn wir lediglich Eier verwenden, brauchen wir 1,6 kg, das entspricht der großen Menge von 40 Stück; denn ein Hühnerei wiegt ungefähr 40 g.

In der praktischen Auswahl berücksichtigen wir den Eiweißgehalt. Wir sollen nicht weniger als 10% und nicht mehr als 20% der Energie in Form von Eiweiß geben. Wenn wir allein Eier geben, so verabreichen wir überflüssig viel Eiweiß; verabreichen wir Zucker allein, so ist gar kein Eiweiß in der Nahrung; Kuhmilch allein wäre der Forderung entsprechend, ist aber dem Kranken zu langweilig, so daß er nur das Minimum, aber keinen Überschuß zu sich nehmen würde. Und wir wollen ihn doch auffüttern; wir werden also eine Kombination aller drei Nahrungsmittel zu suchen haben.

Wir bestimmen zunächst, was z. B. eine Tagesnahrung von 5 Eiern und 2 Liter Milch ausmacht.

5 Eier sind soviel wie 200 g. Wir suchen links die den Eiern entsprechende horizontale Linie auf, legen das Kärtchen an und machen eine Marke, wo die horizontale von der schrägen Linie 0,2 (200 g) geschnitten wird. Dann gehen wir zur Milchlinie, legen das Kärtchen mit der letzten Marke an den Nullpunkt, machen eine neue Marke bei der schrägen Linie 2,0 kg und addieren in dieser Weise den

Nahrungswert von 2 Litern Milch zum Nahrungswert von 5 Eiern. Wir sehen, daß noch eine Strecke zwischen dieser Summe und der optimalen Tagesnahrung überbleibt. Dieses Manko wollen wir mit Zucker ausfüllen. Wir gehen in die Zuckerlinie; die übriggebliebene Strecke reicht dorthin, wo die schräge Linie 0,25 schneidet.

Der Patient wäre also optimal ernährt, wenn er 5 Eier, 2 Liter Milch und $^1/_4$ kg Zucker erhalten würde. Er hätte dann die entsprechende Brennstoffmenge.

Nun haben wir noch nachzusehen, ob der Eiweißgehalt der Mischung der Forderung entspricht, daß nicht weniger als 10% und nicht mehr als 20% der Energie in Form von Eiweiß gereicht werden soll.

Wir nehmen nun wieder das Kärtchen und bezeichnen die den Eiern entsprechende Strecke mit 3 Strichen (dreifacher Eiweißwert), die der Milch entsprechende Strecke mit 2 Strichen; der Zucker bleibt ohne Strich, weil er kein Eiweiß enthält.

Auf einem Blatt Papier wird eine Linie gezogen und die Strecke angezeichnet, welche der Tagesnahrung dieses Falles (40 Hektonem) entspricht, und noch ein Strich bei der doppelten Strecke gemacht. Dann tragen wir auf derselben Linie die Strecke des Wertes der 5 Eier dreimal auf, hieran anschließend die Strecke der Kuhmilch zweimal. Damit haben wir eine Strecke, welche den Dekanem Eiweiß entspricht, die sich in der Tagesnahrung finden. Sie fällt zwischen die einfache und die doppelte Hektonemmenge; die Eiweißdosierung entspricht ungefähr 15%, ist also befriedigend.

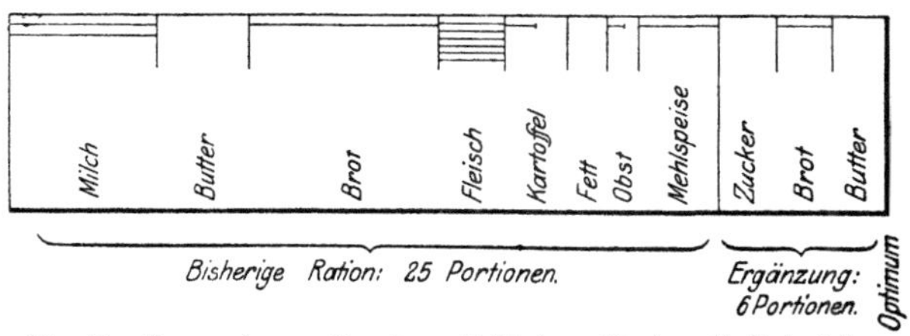

Fig. 11. Tagesnahrung für einen 11jährigen Knaben (4. Beispiel).

4. Beispiel. Ein 11jähriger Knabe von 72 cm Sitzhöhe erhält pro Tag 500 g Milch, 30 g Butter, 200 g Brot, 100 g zubereitetes Fleisch, 200 g Kartoffeln mit 10 g Fett, 200 g frisches Obst, 100 g leichte Mehlspeise.

Frage. Ist diese Ernährung nach Brennstoff- und Eiweißgehalt ausreichend?

1. Bestimmung der optimalen Tagesnahrung.

a) Das Optimum für einen 11jährigen Knaben, der keiner besonderen Auffütterung bedarf, setzt sich zusammen aus: Minimum (zur inneren Arbeit): 3 dnsq, Wachstumsquote: 1 dnsq, für körperliche Bewegung: 2 dnsq, Summe 6 dnsq.

b) Für die Sitzhöhe von 72 cm ist die Dosis von 6 dnsq graphisch zu bestimmen. Man nimmt einen Papierstreifen (Fig. 11)[1]) und legt dessen

[1]) Die Abmessungen der Figuren entsprechen der großen Tafel, die einen $2^1/_2$ mal größeren Maßstab hat als die Textabbildungen Fig. 9 und Fig. 10.

oberen Rand an die der Zahl 72 entsprechende horizontale Linie der Ernährungstafel. Bei der Linie 6 Decinem Siqua wird an dem Rande ein Strich gemacht. Die Messung der Strecke an dem unteren Maßstabe ergibt, daß die optimale Tagesnahrung 31 Hektonem gleich 3,1 kn Milchwert beträgt.

2. Bestimmung der bisherigen Ration.

a) Brennstoffbestimmung. Auf derselben Karte (Fig. 11) wird der Nemwert der einzelnen, dem Knaben bisher verabreichten Nahrungsmittel notiert. Man legt das Kärtchen an der Horizontallinie der linken Tafelseite an, welche der Milch entspricht, und macht dort einen Strich, wo die schräge Linie 0,5 kg die Horizontale schneidet. Dann verfährt man ebenso mit Butter, Fleisch usw. Es zeigt sich, daß die Summe der bisher gegebenen Nahrungsmittel noch nicht das Optimum erreicht. Eine Messung am Maßstabe rechts unten ergibt, daß die Differenz 6 Hektonem beträgt.

b) Eiweißbestimmung. Auf demselben Kärtchen (Fig. 11) werden bei jedem Nahrungsmittel so viele horizontale Striche gemacht, als der Eiweißwert beträgt. (Der Eiweißwert ist in Zahlen neben jedem Nahrungsmittel auf der Tafel vermerkt.) Kuhmilch: zweifach; Butter: Null; Brot: einfach,

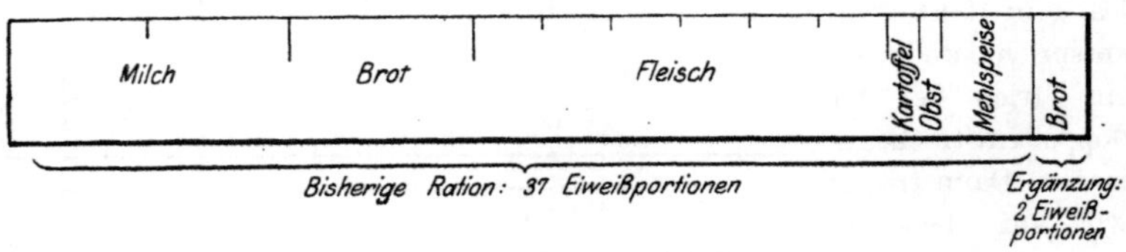

Fig. 12. Eiweißbestimmung im 4. Beispiel.

Fleisch: sechsfach usw. Man zieht eine Linie auf einem Bogen Papier oder man nimmt ein zweites Kärtchen (Fig. 12) und legt es mit seinem oberen Rande an das erste Kärtchen. Der Wert der Milch wird auf dem Eiweißkärtchen doppelt aufgetragen, die Butter wird übergangen, das Brot wird einmal und das Fleisch sechsmal aufgetragen usw.

Die Summe ergibt die Anzahl der Eiweißdekanem (von 10 Nem Eiweiß). Sie beträgt 37.

3 Beurteilung des Resultates und Ergänzung.

a) Brennstoff. Die bisher gegebene Brennstoffmenge von 25 Hektonem ist ungenügend, da die optimale Tagesnahrung 31 Hektonem beträgt; es sollen also um 6 Hektonem Brennstoff mehr gegeben werden.

b) Eiweiß. Die Tagesnahrung von 31 Hektonem soll mindestens ebensoviel und höchstens doppelt soviel Dekanem Eiweiß enthalten. Da die bisherige Nahrung schon 37 Dekanem Eiweiß enthält, ist eine Ergänzung des Eiweißes nicht notwendig.

c) Wahl der Ergänzungsration. Wir könnten deshalb die fehlenden 6 Hektonem durch ein eiweißfreies Nahrungsmittel ersetzen: durch 100 g Zucker oder durch 50 g Butter.

Eine praktische Lösung wird sein, wenn wir beide Stoffe verwenden:

den Zucker in die bisher ungesüßte Vollmilch geben (7 Stück Würfelzucker = 35 g = 200 n) und ein Butterbrot zulegen: 60 g Brot (200 n) mit 17 g Butter (200 n [s. Fig. 3]). Daß dabei im Brote noch zwei Eiweißdekanem hinzukommen, schadet nicht, da ja der Gesamteiweißgehalt nicht hoch ist (s. Fig. 12).

5. Beispiel. 50 Kinder aus der Stadt im Durchschnittsalter von 8 Jahren sollen in eine Ferienkolonie aufs Dorf geschickt werden, um dort einen Monat zu bleiben. Im Dorfe sind nicht genug Nahrungsmittel, um die Kinder voll zu versorgen. Sie können dort nur ihre Brotkarte (280 g pro Kopf und Tag), ihre Zuckerkarte (1,25 kg pro Kopf und Monat) einlösen, ferner erhält die Ferienkolonie von einer Gutswirtschaft täglich 25 l Milch, 10 Eier, 10 kg Kartoffeln, 10 kg frisches Gemüse (Kohl und Kohlrüben).

Frage. Haben die Kinder damit genug? Die ergänzenden Vorräte sollen für den ganzen Monat aus der Stadt mitgenommen werden.

1. Bestimmung des Optimums.
   a) Arme Kinder, die zur Erholung aufs Land gehen, brauchen reichliche Nahrung, weil sie dort bei lebhafter Bewegung noch an Gewicht zunehmen sollen. Wir rechnen: Minimum 3 dnsq, Wachstum und Zunahme 2 dnsq, Bewegung 3 dnsq, Summe 8 dnsq. Mit dieser reichlichen Dosierung ist auch ein Spielraum für den Verlust an Nahrungswert bei Aufbewahrung und Zubereitung gegeben.
   b) Die Kinder haben ein Durchschnittsalter von 8 Jahren. Wir suchen die Zahl 8 am rechten Rande der Tafel auf. Sie entspricht der durchschnittlichen Sitzhöhe von 64 cm. Wir messen die Strecke 0—8 Zehntel ab und finden als optimale Tagesration 33 Hektonem.

   Wir haben 50 Kinder durch 30 Tage zu ernähren, 50 × 30 × 33 ergibt 49 500 Hektonem, die wir für den ganzen Monat nötig haben. Das ist soviel wie der Milchwert von 4950 l Milch oder 5 Tonnennem.
2. Bestimmung der vorhandenen Nahrungsmittel. Wir berechnen zuerst die Anzahl der Kilogramme jedes Nahrungsmittels, die im ganzen Monate zur Verfügung stehen; dann berechnen wir die Anzahl der Hektonem, indem wir die Kilogramme mit dem Nemwert multiplizieren. Nun kommt noch die Eiweißberechnung nach der Wertigkeit.

Vorhandene Nahrungsmittel	kg	Tage	Köpfe	Produkt kg	hn in 1 kg	Portionen	Eiweißwert des Hektonems	Eiweiß-Dekanem
Brot	0,28	30	50	420	100:3	14 000	1	14 000
Zucker	1,25	—	50	62,5	60	3 750	θ	θ
Vollmilch	25,0	30	—	750	10	7 500	2	15 000
Eier. (1 Ei = 40 g) .	0,4	30	—	12	100:4	300	3	900
Kartoffeln	10,0	30	—	300	50:4	3 750	1/2	1 875
frisches Gemüse . .	10,0	30	—	300	4	1 200	2	2 400
						30 500		34 175

3. Vergleich der vorhandenen mit der geforderten Nahrungsmenge. An Brennstoff brauchen wir 49 500, haben aber nur 30 500 Hektonem, benötigen also eine Ergänzung von 19 000 Hektonem; an Eiweißwert sollen wir mindestens 49 500 Dekanem haben; haben bisher 34 175, benötigen also noch 15 325 oder rund 15 000 Dekanem.

4. Ergänzung durch Einkauf von Vorräten. Wir brauchen also 19 000 Hektonem, welche 15 000 Eiweiß Dekanem enthalten sollen.

Wir zeichnen uns die 19 000 Hektonem in 1000fach verkleinertem Maßstabe als 19 Hektonem auf einem Kärtchen auf (Maßstab rechts unten) und suchen nun auf der linken Seite nach der entsprechenden Gewichtsmenge eines Nahrungsmittels.

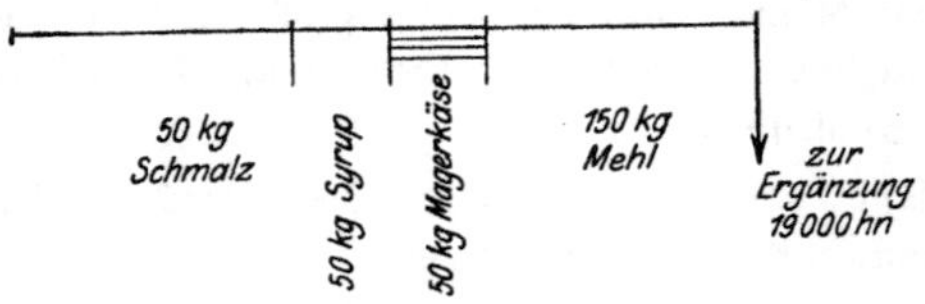

Fig. 13. Ergänzung im Beispiel 5.

150 kg Fett würden die Ergänzung an Brennstoff liefern, aber sie enthalten kein Eiweiß; derselbe Einwand trifft die gleichwertige Menge von 320 kg Zucker, die ebenfalls nur dem Brennstoffbedürfnis aufhelfen würde. Dagegen würden 380 kg Mehl unserem Zwecke entsprechen, weil sie 19 000 Hektonem Brennstoff und ebensoviel Eiweißdekanem enthalten.

Um eine größere Abwechslung in das Menü zu bringen, suchen wir vermittels des Kärtchens (Fig. 13) verschiedene Nahrungsmittel, welche die gewünschte Summe des Brennstoffes geben und dabei auch das volle Eiweißbedürfnis decken, zum Beispiel:

	Hektonem in 1 kg	Hektonem	Eiweiß in Hektonem	Eiweiß-dekanem
50 kg Schmalz	$^{400}/_{3}$	6 667	0	0
50 kg Sirup	50	2 500	0	0
50 kg Magerkäse	50	2 500	4	10 000
150 kg Mehl	50	7 500	1	7 500
	Summe:	19 167		17 500

Wir haben also jetzt 30 500 + 19 167, rund 49 700 Brennstoff- und 34 175 + 17 500, rund 51 700 Eiweißdekanem.

Dies entspricht den Anforderungen, und wir sind in der Lage, die Kinder ohne Fleisch rationell zu ernähren.

6. Beispiel. In einem städtischen Haushalte, bestehend aus 5 Erwachsenen und 5 Kindern, sind die Ausgaben für die Küche sehr gestiegen. Es besteht der Verdacht, daß die Köchin Nahrungsmittel auf die Seite schafft.

Der Verbrauch betrug in einem Monate: 120 l Milch, 20 kg Käse, 15 kg Butter, 10 kg Schmalz, 4 kg Speiseöl, 250 St. Eier, 60 kg Fleisch, 15 kg Speck, 20 kg Wurst, 5 kg Fisch, 25 kg Mehl, 20 kg Weizenbrot, 40 kg Graubrot, 150 kg Kartoffeln, 30 kg frisches Gemüse, 8 kg Hülsenfrüchte, 25 kg Zucker.

In keinem einzelnen Posten ist der Verbrauch so übermäßig, daß man einen

Hinweis auf einen Diebstahl hätte. Nur die Summierung kann zeigen, ob ein unrechtmäßiger Abgang besteht.

Es wird nun eine Rechnung über den verbrauchten Nahrungswert aufgestellt und mit dem Bedarf der Familie verglichen.

Nahrungsmittel	Verbrauch kg	kn im kg	Verbrauch kn
Milch	120	1,0	120
Butter	15	12,0	180
Käse, fett	20	5,0	100
Schmalz	10	13	130
Öl	4	13	42
Eier (250 St. × 40 g) . .	10	2,5	25
Fleisch, mittelfett, frisch	60	2,5	150
Speck	15	10,0	150
Wurst, fett	20	6,7	134
Fisch	5	1,25	6
Mehl	25	5,0	125
Weizenbrot	20	4,0	80
Graubrot	40	3,3	132
Kartoffeln	150	1,25	188
frisches Gemüse	30	0,4	12
Hülsenfrüchte usw. . . .	8	4,0	32
Zucker	25	6,0	150
			1756 kn.

Der durchschnittliche Tagesverbrauch belief sich also auf 1756 : 30 = 58,5 kn oder pro Kopf und Tag auf 5,85 kn, eine Menge, welche nur dann nicht allzuviel wäre, wenn alle 10 Familienmitglieder Männer mit schwerer körperlicher Arbeit wären.

Die Familie besteht aber aus einem Beamten, seiner Frau, 5 Kindern im Alter von 15, 13, 10, 4 und 2 Jahren und 3 Dienstleuten: Erzieherin, Köchin und Dienstmädchen.

Es wird in diesem Falle nicht notwendig sein, die Sitzhöhe jedes einzelnen zu bestimmen, sondern wir können Mann und Frauen mit den durchschnittlichen Sitzhöhen von Erwachsenen, die Kinder mit der durchschnittlichen Sitzhöhe ihres Lebensalters annehmen und in die Nahrungsklassen einteilen (S. 104):

Vater, Beamter, IIIa

Mutter, geringe häusliche Arbeit, III,

Erzieherin III, Dienstmädchen IIIa, Köchin IV,

Knabe, 16 J., IV, Mädchen, 14 J., IIIa, Mädchen, 5 J., IIa, Knabe, 3 J., IIa, Knabe, 1 J., Ia.

Die römischen Zahlen werden mit je 10 Hektonem summiert, die Klassen „a" als Zuschlag von je 5 Hektonem; das gibt 280 hn für die Klassen, 30 hn für die Zuschläge, in Summa 310 hn.

Der Bedarf der Familie war also 31 kn im Tag; wenn wir auch 20% für Abfälle (siehe S. 21) erlauben, so ergeben sich nur 37 kn. Der Verbrauch ergab aber 58,5 kn; es bleibt ein bedeutendes Mißverhältnis (21,5 kn pro Tag), das nur durch Diebstahl zu erklären ist.

Zusammenfassung.

Dem Zwecke der praktischen Bestimmung der Nahrungsmenge in bezug auf Brennstoff- und Eiweißgehalt dient eine Rechentafel, welche es ermöglicht, den Bedarf für jedes Lebensalter und jede Funktion des Menschen sowie die Deckung des Bedarfes durch die verschiedenen Nahrungsmittel auf graphischen Wege festzustellen.

Tafeln für den Einkauf von Nahrungsbrennstoff und Nahrungseiweiß.

Bei der Ernährung größerer Gemeinschaften sind wir in die Notwendigkeit versetzt, nicht bloß darauf zu achten, daß die Nahrungsmenge in ihrem Brennstoff- und Eiweißgehalt genügend sei, sondern wir müssen auch die Beschaffbarkeit und Billigkeit der Nahrungsmittel berücksichtigen.

Wir können, zumal in der Kriegszeit, nicht einen theoretischen Speisezettel aufstellen, sondern wir müssen uns danach richten, was überhaupt am Markte zu haben ist und zu welchen Preisen es verfügbar ist. Wenn wir z. B. in der Friedenszeit viel Reis verwendet haben, müssen wir jetzt an seine Stelle andere Cerealien einführen, und wenn wir damals reichlich mit Schweinefett gekocht haben, müssen wir jetzt statt der teuren Fette mit anderen Nährstoffen auskommen.

Dem Zwecke der Auswahl der Nahrungsmittel nach Beschaffenheit und Billigkeit dienen die beiden Tafeln: Einkauf von Nahrungsbrennstoff und Einkauf von Nahrungseiweiß [1]. Es wäre wohl viel einfacher gewesen, wenn sich beide Hauptbedürfnisse auf einer einzigen Preistafel hätten vereinigen lassen. Das ist aber nur unter einer willkürlichen Festsetzung eines Preisverhältnisses zwischen Eiweiß- und Brennstoffgehalt zu erzielen, die für die Praxis nicht empfehlenswert ist.

König hat in seinem „Nährgeldwert“ eine solche einheitliche Preiszahl gegeben. Er hat aus den Durchschnittswerten einer größeren Zahl Nahrungs-

[1]) Die Tafeln sind in Blocks von je 50 Stück vom Verlag Julius Springer zu beziehen.

mittel den Einzelpreis ermittelt, den man für Eiweiß, Fett und Kohlehydrate gewöhnlich zahlt, und setzt danach das Preisverhältnis wie 5 : 3 : 1 an.

Er berechnet die „Preiswerteinheiten“ folgendermaßen: Die Anzahl der Gramme verdaulichen Eiweißes, die in einem Kilogramm eines Nahrungsmittels enthalten sind, werden mit 5, die Anzahl der Gramme verdaulichen Fettes mit 3 multipliziert und beide Produkte mit der Anzahl der Gramme verdaulichen Kohlenhydrates addiert.

Die Rechnung lautet z. B. für Weizenmehl:

Verdauliche Nährstoffe	g in 1000 g	Faktor	Preiswerteinheiten
Protein	86,5	5	432,5
Fett	8,5	3	25,5
Kohlenhydrate . . .	736,2	1	736,2
			1194,2

Diese 1194 Preiswerteinheiten kosten 30 Pf., folglich erhält man für 1 M. 3981 Einheiten.

Demuth ist zu einem anderen Schlüssel gekommen: 6,6 : 2,4 : 1, Hultgren und Landergren finden wieder 9 : 3 : 1. Und dementsprechend gelangen sie zu ganz anderen Vergleichszahlen. Das war in der Friedenszeit und bei offenen Grenzen; durch die Kriegsverhältnisse haben sich solche Verschiebungen in der Preisbildung vollzogen, daß alle diese Schlüssel unrichtig geworden sind. Nach den Verhältnissen im Sommer 1915 ist die Preisbildung hier in Österreich ungefähr 11 : 7,5 : 1 gewesen; jetzt steht das Fett noch höher.

Die ganze Basis dieser Rechnungsart verschiebt sich also so wesentlich, daß ich es vorteilhafter finde, auf eine einheitliche Basis zu verzichten und die beiden Haupterfordernisse, Brennstoff und Eiweiß, getrennt einzukaufen.

Die Tafel „Einkauf von Nahrungsbrennstoff“ (Fig. 14 auf S. 136) ist in der Konstruktion identisch mit dem linken Teile der Tafel „Ernährung des Menschen“.

Links haben wir wieder die Reihenfolge der einzelnen Nahrungsmittel, nach ihrem Brennstoffgehalt angeordnet. Das Verhältnis im Brennstoffwerte 1 : 100 ist durch eine Distanz von 100 mm (in der Originaltafel 250 mm) ausgedrückt, die Zwischenwerte sind logarithmisch eingesetzt.

Die Tafel selbst besteht aus 3 Liniensystemen:

a) Die horizontalen Linien; sie entsprechen dem Brennwerte der einzelnen Nahrungsmittelgruppen.

b) Die vertikalen Linien. Sie bedeuten hier nicht den Nahrungswert, sondern dienen zur Einzeichnung der Preise von einem Kilogramm des Nahrungsmittels. 100 mm (auf der großen Tafel 250 mm) sind gleich 500 Pfennig oder Heller. Es ist gleichgültig, welches Münzsystem zur Einzeichnung benutzt wird, vorausgesetzt natürlich, daß immer nur eines der beiden Systeme auf einer Tafel angewendet wird. Da ich meine eigenen Preisangaben in Hellern mache, spreche ich weiterhin von Kronen und Hellern. Die Strecke von 100 bzw. 250 mm ist in 100 gleiche Teile geteilt, von denen jeder 5 Hellern oder Pfennigen entspricht. Jeder zehnte Strich (50 Heller oder Pfennig) ist verstärkt.

c) Die schrägen Kurven ziehen von links unten nach rechts oben. Sie bedeuten den Wert eines Kilonems in Hellern oder Pfennigen.

Nehmen wir die schräge Kurve, welche die horizontale Linie „Kuhmilch, Gartenerbsen usw.“ an der Kreuzungsstelle mit der vertikalen Linie 100 schneidet. Dieser vertikale Schnittpunkt bedeutet den Preis von 100 Heller pro Kilogramm. Nehmen wir an, daß Gartenerbsen 1 Krone pro Kilogramm kosten würden. Gartenerbsen enthalten 1000 Milcheinheiten im Kilogramm, 1 Kilonem im Kilogramm, ich zahle also 1 Kilonem mit 100 Hellern.

Gehen wir nun an der schrägen Kurve weiter hinauf. Sie schneidet die horizontale Linie des zubereiteten mageren Fleisches bei der vertikalen Linie 250. Das Fleisch enthält in einem Kilogramm 2,5 Kilonem; wenn wir 250 Heller pro Kilogramm zahlen, erhalten wir wieder, wie früher bei den Gartenerbsen, für 100 Heller 1 Kilonem.

Dann weiter schneidet dieselbe Kurve die horizontale Linie des Käses bei der vertikalen Linie 500. 1 Kilogramm Käse enthält 5 Kilonem. Bei einem Preise von 5 Kronen pro Kilogramm erhalten wir wieder für 1 Krone 1 Kilonem.

Nehmen wir noch eine andere schräge Kurve und gehen diesmal von oben nach unten. Wenn wir 1 Kilogramm Schweineschmalz, das 13,3 Kilonem enthält, mit 130 Hellern bezahlen würden (Kreuzungspunkt der horizontalen Linie Schweineschmalz mit der vertikalen Preislinie 130), so bezahlen wir ein Kilonem ungefähr mit 10 Hellern: die schräge Kurve 10 schneidet hier. Gehen wir an ihr hinab bis zur Kartoffellinie: Der gleiche Preis pro Kilonem wird erreicht sein, wenn wir 12,5 Heller für das Kilogramm Kartoffeln bezahlen.

Die praktische Benutzung der Tafel geschieht folgendermaßen:

Die Preise aller am Markte angebotenen Nahrungsmittel werden in die Tafel eingetragen, indem schwarze Punkte an der Kreuzungsstelle der Horizontallinie der einzelnen Nahrungsmittel und der betreffenden vertikalen Preislinie eingezeichnet werden. Die schrägen Linien ergeben dann den Preis pro Kilonem und erlauben den Vergleich der Preise nach dem Nahrungswerte.

Die für Fig. 14 und 15 benutzten Daten sind zum größten Teile der folgenden Preisaufstellung entnommen, welche mir von der Verwaltung des Wiener Allgemeinen Krankenhauses beigestellt wurde. Die erste und zweite Rubrik zeigen die Preisschwankungen in der Friedenszeit, die dritte Rubrik gibt die Preise im Sommer 1915. Der billigste Friedenspreis (Rubrik 1) ist für Fig. 14 verwendet, der Kriegspreis (Rubrik 3) für Fig. 15.

Rohstoff	Einheit	Friedenszeit				Sommer 1915	
		von		bis			
		K	h	K	h	K	h
Rindstalg	kg		80	1	10	3	60
Schweineschmalz	„	1	52	1	65	4	70
Margarine	„	1	—	1	30	3	60
Butter	„	3	10	3	40	5	10
Speck, geräuchert	„	1	60	1	70	4	80
Extrawurst	„	1	90	2	10	5	50
Frankfurter Wurst	Paar		20		—		24
Schinken, gekocht	kg	3	60	3	80	7	60
Zucker, Würfel-	„		78		80		88
Mehl, Mais-	„		—		—		48
Mehl, Korn-	„		—		—		—
Mehl, Weizen-	„		32		36		95
Reis	„		34		60	1	60
Makkaroni	„		60		85	2	—
Topfen	„		50		60	1	—
Käse, Emmentaler (echt)	„	2	60	2	80	5	—
Käse, Emmentaler (halb)	„	1	95	2	10	4	30
Erbsen	„		30		50	1	60
Linsen	„		40		70	1	90
Bohnen	„		30		50	1	—
Schweinefleisch, frisches	„	2	—	2	80	5	50
Brot (Semmeln)	„		65		70	—	—
Brot (Kornbrot)	„		23		29		62
Eier	Stück		05		10		16
Rindfleisch	kg	1	60	2	10	5	50
Kalbfleisch, ganze Kälber	„	1	40	1	90	3	34
Pferdefleisch	„	—	—	—	—	—	—
Fische (Karpfen)	„	2	—	2	50	3	40
Kartoffeln	„		13		18		30
Grüne Erbsen	„		18		24		—
Vollmilch	Ltr.		24		26		38
Magermilch	„		10		12		25
Kohl	Stück		04		08		08
Sauerkraut	kg		10		14		50

Zur Ergänzung habe ich aus König, Bd. 2, S. 1467 ff., und Königs Nährwerttafel, 11. Aufl., noch folgende Friedenspreise entnommen:

	Preis des kg Pfennig	Heller		Preis des kg Pfennig	Heller
Kohlrübe	7	11	Pferdefleisch . .	72	86
Blut	20	24	Magerkäse . . .	120	144
Kopfsalat	50	60	Spargel	180	215
Spinat	50	60	Schokolade . .	240	290

sowie folgende Preise von konzentrierten Nährstoffen:

	Rein-calorien in 1000 g	Nem im g	Prozent verdaul. Eiweiß	Preis pro kg Pfennig	Heller	Preis in Hellern pro kg Kilonem	verdaul. Eiweiß
Schellfisch, getr.. .	3885	5,8	79	140	170	29	215
Aleuronat	4011	6,0	76	260	310	52	410
Nestlemehl	3713	5,6	8,5	300	360	64	4240
Kufekemehl . . .	3376	5,1	10,6	300	360	70	3400
Tropon	3796	5,7	78	540	650	114	830
Champignon, getr..	2490	3,7	29	700	840	227	2900
Sanatogen	3992	6,0	78	2600	3100	520	4000
Kaviar	2661	4,0	28	2000	2400	600	8600

Betrachten wir nun die Preisbildung, wie sie sich in den Tafeln darstellt.

Auf Fig. 14 (S. 136) — Nahrungsbrennstoff bei billigen Friedenspreisen — sehen wir die erste Gruppe von schwarzen Punkten zwischen den Linien 5 und 10: der Preis pro Kilonem beträgt also 5—10 Heller.

In dieser Gruppe befinden sich: Kornbrot, Mehl, Reis, Rindstalg, Erbsen, Bohnen und Margarine. Diese Auswahl würde damals eine außerordentlich billige Ernährung gestattet haben. Denn wir finden in dieser Gruppe neben Cerealien und Fett auch die eiweißreichen Hülsenfrüchte, so daß eine komplette Tagesnahrung in dieser billigsten Gruppe zusammenzustellen wäre. Ein Erwachsener mit einem Tagesbedarf von 5 Litern Milchwert (5 Kilonem) wäre, da in dieser Gruppe das Kilonem durchschnittlich 8 Heller kostet, mit 40 Heller zu sättigen gewesen.

In der nächsten Gruppe, zwischen 10 und 15 Hellern pro Kilonem, finden wir Kartoffeln (Sommerpreis!), Linsen, Makkaroni, Zucker und Schweineschmalz.

Zwischen 15 und 20 Hellern sehen wir schon Delikatessen, die wir im Kriege ganz vergessen haben: grüne Erbsen, Semmeln und Speck.

Nun folgen Milch, Butter und Käse, einige billige Gemüse und Wurst.

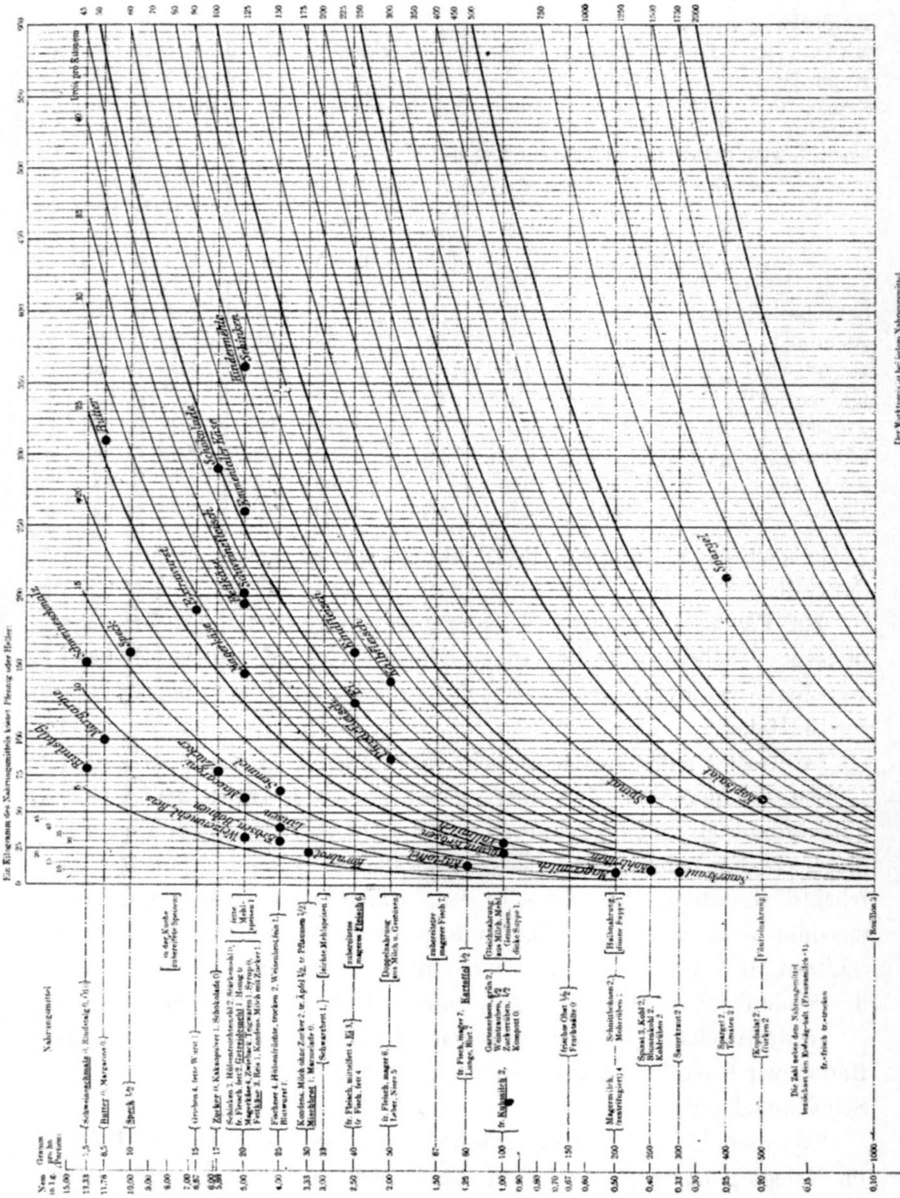

Der Marktpreis ist bei jedem Nahrungsmittel
in der entsprechenden horizontalen Linie einzusetzen,
die schrägen Linien ergeben den Preis für das Kilonem
und erlauben den Vergleich des Preises nach dem Nahrungsmittelwerte.

Fig. 14.

Einkauf von Nahrungsbrennstoff.
Friedenspreise in Hellern.

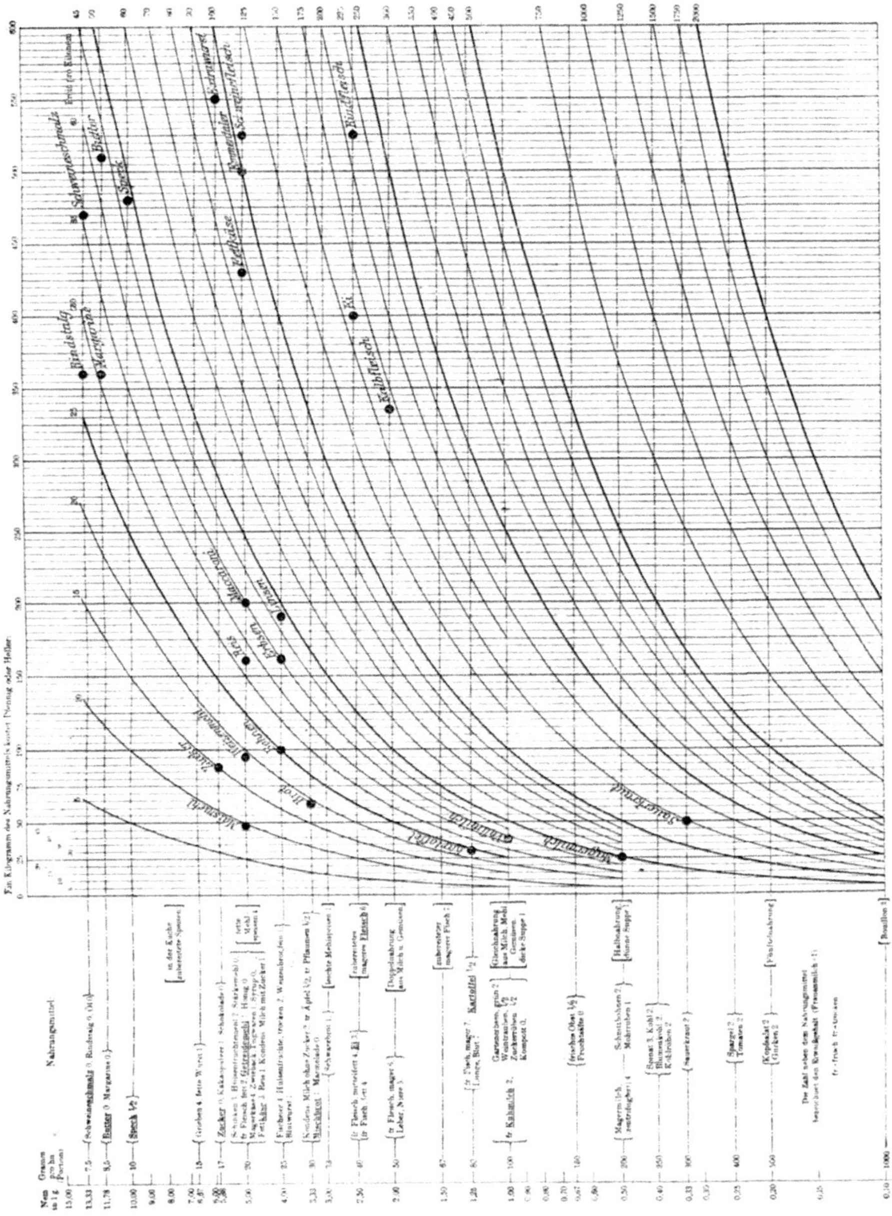

Einkauf von Nahrungsbrennstoff,
Kriegspreise Sommer 1915 in Hellern.

Fig. 15.

Der Marktpreis ist bei jedem Nahrungsmittel in der entsprechenden horizontalen Linie einzusetzen; die schrägen Linien ergeben den Preis für das Nahrungsmittel und erlauben den Vergleich des Preises nach dem Nahrungsmittelwerte.

Auffällig ist die Stellung der Gemüse: auch die billigsten, wie Kohlrüben und Sauerkraut, sind, als Brennstoffe betrachtet, nicht sehr preiswürdig. Sie werden tatsächlich als eine Grundlage für billige Fette verwendet. In der hier in Österreich üblichen Zubereitung macht die sog. „Einbrenn" (Fett und Mehl) bei den Gemüsespeisen mehr Brennwert aus als das Gemüse selbst.

Auf Seite 21 habe ich die Rezepte für Gemüse angegeben, die ich im Wiener Allgemeinen Krankenhause im Anschlusse an die bisher übliche Zubereitungsweise so zusammengestellt habe, daß eine Portion 600 Nem enthält.

Es enthält z. B. der „Spinat":

Spinat	200 g	0,4 n im g	80 Nem in der Portion
Fett	26 „	13,3 „ „ „	347 „ „ „ „
Mehl	34 „	5,0 „ „ „	170 „ „ „ „

Von den 600 Nem der Portion werden also nur 80 Nem, oder 13% der Gesamtmenge von dem Nahrungsmittel geliefert, welches den Namen der Speise hergibt; 28% des Nahrungswertes liefert das Mehl, 59% das Fett.

Noch deutlicher ist dies Überwiegen der Zusätze beim „Sauerkraut".

Sauerkraut	200 g	0,33 n im g	66 Nem in der Portion
Fett	27 „	13,3 „ „ „	360 „ „ „ „
Mehl	36 „	5,0 „ „ „	180 „ „ „ „

Hier gibt das Sauerkraut gar nur 11% des Nährwertes her; es ist nur eine Etikette für eine nahrhafte Mischung von Fett und Mehl, die, am Kraute klebend, leichter gegessen wird.

Durch die Kriegspreise sind wir gezwungen, das Fett bei den Gemüsen zu reduzieren oder ganz wegzulassen. Man darf sich aber dann nicht wundern, daß die Gemüse nicht mehr so „sättigend" sind wie früher. Auch die Kartoffeln waren früher vielfach als eine Art Schwamm verabreicht worden, der mit Fett vollgesogen war. Ich gebe die Kartoffel — nach dem Muster der Landwirtschaft — in der Schale gedünstet, ohne jeden Zusatz. Die Kinder haben sich daran gewöhnt, die Kartoffel mit der Schale zu essen, wodurch viele Schälarbeit erspart, die nahrhaften Partien unter der Schale zum Verzehr gebracht und die Stuhlbildung gefördert wird. Die Kartoffelschalen werden so als „Rauhnahrung" ausgenützt.

Zwischen 20 und 30 Hellern liegt die Nahrungseinheit bei den Milchprodukten.

Am billigsten ist die Magermilch mit 20, dann kommt die Vollmilch mit 25, dann die Butter mit 27, der Magerkäse mit 29 Heller. Diese Erzeugnisse stehen, als unmittelbare Verwertungsarten der Kuhmilch, in enger Relation zueinander. Die Magermilch wird vielfach als ein Abfallprodukt angesehen und gelangt daher billiger auf den Markt, dagegen verträgt die Butter einen etwas höheren Preis. Noch teurer sind die besseren Käsearten. Fettkäse („Halbemmentaler" wird er hier genannt) steht bei 40, der aus der Schweiz importierte echte Emmentaler bei 50.

In den besseren Käsen zahlen wir nicht mehr für den Brennstoff allein, sondern vornehmlich für das Eiweiß, wie in der ganzen Gruppe, die zwischen 35 und 70 liegt. Hier finden wir alle Fleischsorten bis hinauf zum Schinken.

Was über 70 liegt, sind ausgesprochene Luxusnahrungsmittel, die vermöge ihres guten Geschmackes oder infolge von verschiedenen Vorurteilen einen solchen Preis vertragen. Gleich teuer mit dem Schinken sind die Kindermehle, und weit darüber hinaus gehen noch einige Luxusgemüse. Im Spinat zahlen wir das Kilonem mit 150, im Kopfsalat mit 300 und im Spargel gar mit 800 Hellern.

Einen großen Luxus leisten wir uns in den Getränken. Auf die Frage der alkoholischen Getränke will ich nicht eingehen, sie ist derzeit noch zu schwierig zu beantworten. In der Ernährung der Kinder, mit der ich mich speziell befasse, wende ich keine alkoholischen Getränke an. Von der Gruppe Kakao, Schokolade, Kaffee haben die beiden ersten noch einen verhältnismäßig guten Nährwert. Schokolade erscheint — bei einem Preise von 2,80 K — mit einem Werte von 50 Hellern pro Kilonem. Hier verwenden wir auch das ganze Produkt, während wir im Kaffee nur den wässerigen Auszug genießen.

Die im Wasser löslichen Stoffe des gerösteten Kaffees betragen nach 8 Untersuchungen Königs (Bd. II, S. 1083) 25% des Gesamtgewichtes.

Es war darin enthalten:

Stickstoffsubstanz (vornehmlich Coffein) . .	1,74%
Öl	5,18%
Stickstofffreie Extraktivstoffe	14,52%
Asche (davon 2,4% Kali)	4,06%

Der calorische Wert des wässerigen Extraktes kann danach mit 1,74 × 4,1 + 5,18 × 93 + 14,52 × 41 = 114 Rohcalorien angenommen werden. Davon dürften — nach dem Röstprozeß — höchstens ein Drittel verdaulich sein. Wir kommen damit zu 380 Reincalorien oder 570 Nem in 1000 g etwa 0,5 n im g. Bei einem Preise von 3 Kronen per Kilogramm stellt sich das Kilonem auf 530 Heller, während es in der Milch 75 Heller, im Zucker 13 Heller kostet.

Danach darf man den Kaffee jedenfalls nicht als Nährstoff, sondern nur als Genußmittel betrachten, als Geschmacksverbesserung für Milch oder für Zuckerlösung, und es ist ganz irrationell, schwarzen, ungesüßten Kaffee als eine Mahlzeit aufzufassen.

Figur 15 gibt die Preise im zweiten Kriegssommer wieder. Es zeigt sich im allgemeinen eine bedeutende Verschiebung nach rechts. Die Preise sind auf das 2- bis 3fache gestiegen. Aber es ist keine gleichmäßige Steigerung. Der Zucker hat eine ganz unbedeutende Erhöhung

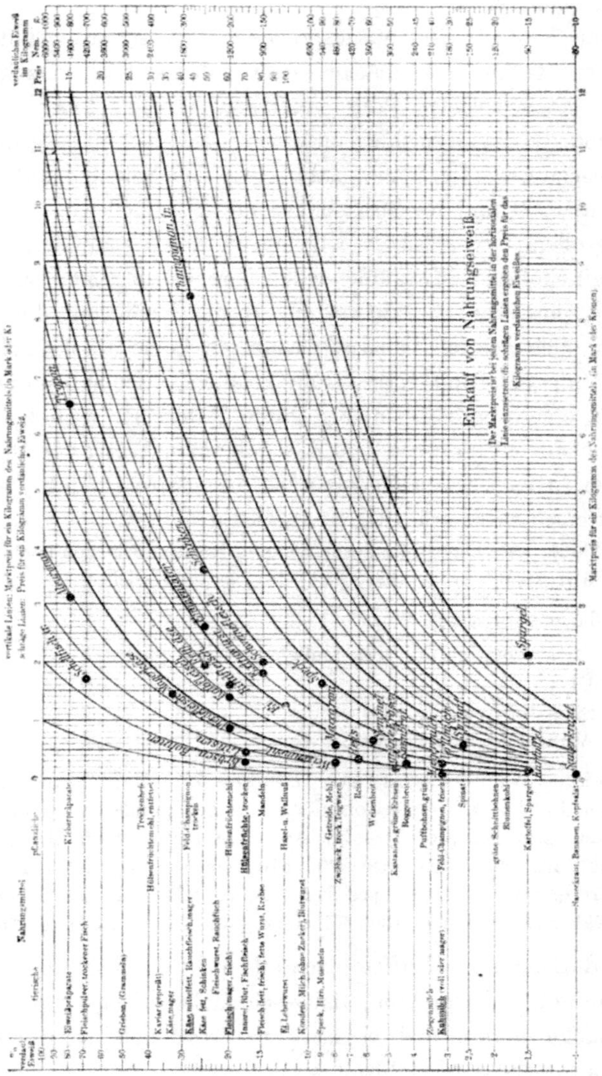

Fig. 16.

Eiweiß, Friedenspreise.

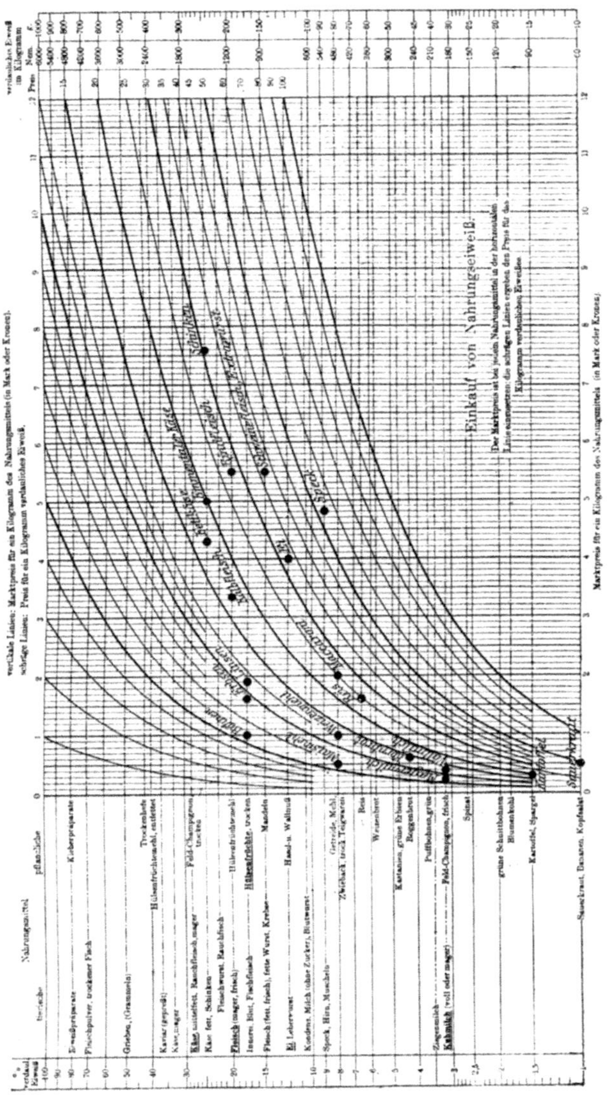

Fig. 17.

Eiweiß, Sommer 1915.

erfahren und erscheint dadurch als das zweitbilligste Nahrungsmittel, während er bei Friedenspreisen erst an achter Stelle kam.

Suchen wir nach einer Gruppe billiger Nahrungsmittel, welche wir zur Grundlage einer billigen Kostform machen können, so finden wir zwischen den schrägen Kurven 10 und 25 Maismehl, Zucker, Brot, Weizenmehl, Kartoffeln und Bohnen. Das Fett werden wir nicht mehr als Grundsubstanz geben, sondern nur so weit, als es zur Zubereitung der Speisen unbedingt erforderlich ist, denn es liegt außerhalb dieser Gruppe.

Wenn wir die billigste Gruppe als Basis benutzen, werden wir das Kilonem durchschnittlich mit 20 Hellern einkaufen können; die Kost eines Mannes, der 5 Kilonem im Tage braucht, wird nun (ohne Geschmackszutaten) auf eine Krone zu stehen kommen.

Die importierten Cerealien, wie Reis und Makkaroni, Linsen, sind unrationell geworden. Auffällig ist das Verhalten der Milchprodukte: die Magermilch erscheint teurer als Vollmilch und Butter, weil sie als ein, dem Gewichte nach, billiges Nahrungsmittel von dem sparsamen Teile der Bevölkerung bevorzugt wird.

Die Gruppe der beliebten Nahrungsmittel ist sehr weit hinausgerückt. Das Ei steht bei einem Preise von 160 pro Kilonem, und das Wiener Leibgericht, das Rindfleisch, gar bei 210, während wir im Frieden 65 dafür gezahlt hatten.

Auch hier weist die Preisbildung darauf hin, daß die Fleischsorten, Käse und Ei wegen ihres Eiweißgehaltes so hoch bewertet werden.

Einkauf von Nahrungseiweiß.

Die zweite Tafel, die dem Einkaufe von Nahrungseiweiß dient, unterscheidet sich in der Konstruktion von der vorigen in einigen Punkten. Die Preise sind enger zusammengerückt, so daß man einen Kilogrammpreis von 12 Kronen oder von 12 Mark einzeichnen kann (die andere Tafel geht nur bis 6 Kronen), und daß die schrägen Kurven nicht Unterschiede von 5 zu 5 Hellern oder Pfennigen, sondern von je einer Krone oder Mark angeben.

Die Nahrungsmittel sind nach ihrem Gehalte an Prozenten verdaulichen Eiweißes logarithmisch angeordnet. Es sind nur solche angeführt, die mindestens 1% verdauliches Eiweiß enthalten.

Dadurch fehlen Fette und Zuckerarten. Auch die in der Küche zubereiteten Speisen habe ich hier weggelassen. Dafür ist eine Anzahl anderer Nahrungsmittel, die nur als Eiweißträger eingekauft werden (Eiweißpräparate usw.), eingefügt.

Nehmen wir als Beispiel mageres frisches Fleisch. Es enthält durchschnittlich 20% verdauliches Eiweiß (Skala links). Das ist so viel, wie 200 g verdauliches Eiweiß im Kilogramm (Skala rechts). Wenn wir für 1 Kilogramm zwei Kronen zahlen (Kreuzungspunkt der horizontalen Linie Fleisch mit der vertikalen Linie 2), so kostet ein Gramm verdauliches Eiweiß einen Heller oder ein Kilogramm verdauliches Eiweiß zehn Kronen. Das wird dadurch angedeutet, daß die schräge Kurve 10 durch den Kreuzungspunkt läuft. Wenn wir die Kurve verfolgen, so sehen wir, daß wir denselben Preis pro Kilogramm Eiweiß zahlen, wenn wir für Eier 1,25, für Käse 2,80, für ein trockenes Eiweißpräparat 8 Kronen geben.

Die Einzeichnung der Tagespreise erfolgt wie auf der ersten Tafel.

Für die Figuren 16 und 17 wurden dieselben Daten benutzt wie für den Brennstoffpreis der Figuren 14 und 15.

Die Figur 16 zeigt nun, daß im Frieden das Kilogramm Eiweiß billigst um zirka 2 Kronen in Form von Erbsen, Bohnen, Linsen oder getrocknetem Schellfisch zu haben war. Eine zweite Gruppe von Nahrungsmitteln liegt zwischen 4 und 5 Kronen. Sie umfaßt Weizenmehl, Pferdefleisch, Magerkäse und Magermilch.

Die beliebteren Eiweißträger, wie Vollmilch, Ei, Kalb- und Rindfleisch, Fettkäse, liegen schon zwischen 7 und 10 Kronen, der Schinken bei 15 Kronen.

Wer Spinat als Eiweißnahrung verwendet, muß 22 Kronen pro Kilogramm zahlen, und im Spargel kommt das Eiweiß weit über 100 Kronen pro Kilogramm zu stehen.

Das ist dann noch teurer, als wenn man das Eiweiß in Form von Sanatogen oder Caviar zu sich nimmt. Dieser konnte in die Tafel nicht eingezeichnet werden, weil der Marktpreis über 12 Kronen betrug. Im Sanatogen kam das Kilogramm Eiweiß auf 40, im Caviar auf 86 Kronen zu stehen. (Siehe Tabelle S. 135.)

Durch die Kriegspreise vom Sommer 1915 (auf Fig. 17) wurden die Hülsenfrüchte auf das 3fache getrieben und dadurch wurde die Magermilch zum billigsten Eiweißträger gemacht.

Die Gruppe der beliebten Eiweißträger ist von den Räumen 7—10 in den Raum 15 bis 30 gewandert; im Schweinefleisch und in der Extrawurst ist der Preis auf 37 Kronen pro Kilogramm Eiweiß gestiegen.

Einzeichnung anderweitiger Nahrungsmittel in die Tafeln.

Ich habe in dem linken Teile der beiden Tafeln nur solche Nahrungsmittel eingetragen, welche mir hier bis jetzt praktisch untergekommen sind. Es lassen sich natürlich auch eine beliebige Anzahl anderer Nahrungsmittel darin verzeichnen.

Die Einreihung in die erste Tafel soll später nicht nach der chemischen Analyse oder nach der physikalischen Wärmebestimmung, sondern nach der praktischen Erprobung ihres Nahrungswertes im Vergleich zum Nahrungswerte von Milch von 3,7% Fettgehalt geschehen (siehe S. 15).

Vorderhand sind wir auf die Berechnung des Nemwertes aus den Reincalorien angewiesen, indem die aus den chemischen Teilsubstanzen zusammengezählten Reincalorien mit 1,5 multipliziert werden.

Nehmen wir als Beispiel, daß unter den am Markte angebotenen Nahrungsmitteln Kastanienmehl vorkäme.

1. Berechnung des Nemwertes. Die chemische Untersuchung im Lebensmittelamte ergibt 9% Wasser, 0,5% Stickstoff, 3,4% Fett, 76% stickstofffreie Extraktstoffe, 3% Rohfaser und 2,4% Asche.

1 g Stickstoff entspricht ungefähr 6,25 g Eiweiß unter der Annahme, daß keine anderweitigen Stickstoffsubstanzen in beträchtlicherer Menge vorhanden sind; 1 g Eiweiß enthält an im Menschen verwendbarer Energie (Rubnersche Standardzahl) 4,1 Calorien. Davon werden in fein verteilten pflanzlichen Produkten 80% ausgenutzt (König II, S. 251). Eine ausnutzbare Calorie entspricht dem Milchwert von 1,5 n, 1 g fein verteiltes pflanzliches Eiweiß mithin 4,95 n, rund 5 n (1 g Stickstoff entspricht $6{,}25 \times 4{,}95 = 31$ n). In groben pflanzlichen Produkten wird 1 g Eiweiß mit 4 n gerechnet.

Das Gramm Fett hat bei vollständiger Ausnutzung den Wert von 9,3 Reincalorien = 14 n; in Abrechnung der Ausnutzung wird es in den am besten ausnutzbaren tierischen Produkten mit 13,5 n, im Muskelfleisch mit 13 n, in den pflanzlichen Produkten (mit Ausnahme der Ölsamen) mit rund 10 n gewertet.

Die stickstofffreien Extraktivstoffe werden als Kohlenhydrate in groben pflanzlichen Produkten mit 5,5 n, sonst mit 6 n gewertet; dafür wird die Rohfaser ganz weggelassen.

Die Rechnung ergibt

0,5 Stickstoff × 31	15,5 n
3,4 Fett × 10	34 „
76,0 stickstofffreie Extraktivstoffe × 6	456 „
Die Summe lautet	505,5 n in 100 g oder 5 n im g.

Die Berechnung Königs (II, S. 1481) ergibt 3120 Reincalorien, die mit dem Faktor 1,5 in die Nemrechnung übergeführt werden. Das ergibt 4680 Nem in 1000 g oder rund 4,7 n im Gramm.

2. Einreihung in die Tafeln I und II.

Nach meiner Berechnung wäre das Kastanienmehl mit den Getreidemehlen in die Rubrik 5,00 der Tafel einzureihen, und der Preis des Kastanienmehls in die horizontale Linie der Mehle einzuzeichnen.

Folgt man der Berechnung Königs, so könnte man eine eigene horizontale Linie für das Kastanienmehl errichten, indem man die Distanz 4,00 bis 5,00 in 10 Teile teilt und beim Teilstrich 4,7 eine Linie zieht.

Will man die Genauigkeit der Einzeichnung noch weiter treiben — was angesichts der Fehlerquellen der Berechnung allerdings nicht gerechtfertigt ist —, so nehme man einen Rechenschieber mit der Grundlinie von 250 mm, punktiere auf der zweiten, dem halben Logarithmus entsprechenden Linie die Distanz vom Punkte 5 zu dem Teilstrich 5,7 ab und trage sie auf die Skala der Tafel ein, um dann dort die Horizontale zu errichten.

3. Einreihung in die Tafel III.

Die Einreihung eines eiweißhaltigen Nahrungsmittels in die Tabelle „Einkauf von Nahrungseiweiß" gestaltet sich einfacher. Aus dem in der chemischen Analyse gefundenen Stickstoff wird durch Multiplikation mit dem Faktor 6,25 das Eiweiß berechnet und aus diesem durch Multiplikation mit dem Ausnutzungskoeffizienten das ausnutzbare Eiweiß. Die tierischen Produkte können als voll ausnutzbar gelten; für fein verteilte pflanzliche Produkte verwende ich den Faktor $^4/_5$, für grobe $^2/_3$. Wer genauer gehen will, richte sich nach den bei König II, S. 1460 angegebenen Ausnutzungsfaktoren.

Nehmen wir ein Beispiel. Die chemische Analyse von geräucherten Sardellen hätte 3,5% Stickstoff ergeben. Das bedeutet $3{,}5 \times 6{,}25 = 22\%$ Eiweiß, das als ganz verdaulich angesehen werden kann. Die Eintragung der Sardellen in die Tafel „Einkauf von Nahrungseiweiß" würde danach in der horizontalen Linie „Rauchfisch" bei 22% Eiweiß erfolgen.

Über die Ungenauigkeit der Eiweißberechnung habe ich schon mehrmals gesprochen. Sie soll nur allgemeine Anhaltspunkte der Beurteilung geben und darf nicht in die Dezimale hinein mit der Lupe angesehen werden.

Zusammenfassung.

Die jeweiligen Marktpreise der verfügbaren Nahrungsmittel werden in zwei Tafeln eingetragen, von denen die eine nach dem Brennstoffgehalt, die andere nach dem Eiweißgehalt angeordnet ist.

Die Tafeln ergeben durch ein Kurvensystem den Preis für das Kilonem — den Nahrungsbrennstoffwert von einem Kilogramm Milch — sowie den Preis für das Kilogramm verdaulichen Eiweißes.

Sie erlauben einen übersichtlichen Vergleich der Nahrungsmittel nach ihrem wahren Nährwerte und ermöglichen eine rasche Zusammenstellung der nach der jeweiligen Marktlage preiswürdigsten Nahrungsmittel.

Literaturverzeichnis.

Verzeichnet sind hier die im Texte angeführten Schriften sowie die wichtigsten Ernährungsabhandlungen aus den letzten drei Jahren.

Abraham, Karl, Eine zeitgemäße Ernährungsstudie. Zickfeldt, Osterwieck (Harz) 1916.

Lob einer einfachen, groben, eiweißarmen, mineralstoffreichen Kost.

Camerer, Der Stoffwechsel des Kindes. Tübingen 1896.

Grundlegendes Werk, mit zahlreichen, heute noch wertvollen Beobachtungen.

Chittenden, Physiological economy in nutrition with special reference to the minimal proteid requirement of the healthy man. New York 1904.

Czerny und Keller, Des Kindes Ernährung, Ernährungsstörungen und Ernährungstherapie. Deuticke, Wien 1906.

Ausführliches Werk, das hauptsächlich über das erste Lebensjahr wertvolle Daten gesammelt hat.

Dienstreglement für den Sanitätsdienst des k. u. k. Heeres. Wien, Staatsdruckerei. Enthält die Diätvorschriften für die Militärspitäler.

Eltzbacher, P., Hedwig Heyl, Carl Oppenheimer, Max Rubner und Nathan Zuntz, Ernährung in der Kriegszeit. Ein Ratgeber für Behörden, Geistliche, Ärzte, Lehrer und Lehrerinnen, Gewerkschaftsbeamte. 500. Tausend. Vieweg, Braunschweig 1915.

Fehlauer, C. H., Dr. med., Die Gesundheitsküche. Verlag der Hausarzt-Zeitschrift, Berlin-Steglitz.

Vegetarische Prinzipien und Kochbuch mit 418 Rezepten, ohne Fleisch, aber mit Milch und Ei.

Fletcher, Die Eßsucht und ihre Bekämpfung. 4. Aufl. Holze & Pahl, Dresden.

Fletcher ist ein Amerikaner Geschäftsmann, der in seinen alten Tagen darauf gekommen ist, daß er mit viel weniger Nahrung, als er früher zu essen gewohnt war, genug hat und sich wohler fühlt als früher. Er glaubt, daß er deswegen mit weniger auskommt, weil er jetzt besser kaut, und hat aus dem Kauen ein System gemacht. In Wirklichkeit macht das Kauen nicht viel aus. Aber darin, daß man mit weniger und insbesondere einfacherer Nahrung auskommt, als in Amerika üblich ist, hat F. recht. Und es ist sein Verdienst, eine einfachere und eiweißärmere Kost populär gemacht zu haben.

Fürth, Henriette, Sechs Monate Kriegsküchenarbeit in Frankfurt a. M. Öffentl. Gesundheitspflege. Vieweg, Braunschweig 1915.

Übersicht des Verbrauchs in 7 Frankfurter Kriegsküchen von Dezember 1915 bis Mai 1916. Nach dem Nährwerte war der Anteil der einzelnen Rohprodukte an der Massenkost ungefähr folgender: Kartoffeln 50%, Mehl und

Teigwaren 20%, Fleisch, Fisch, Wurst 10%, Fett 5%, Gemüse 8%, Hülsenfrüchte 3%, Zucker 2%, Obst 1%. Beachtenswert sind die geringen Fettmengen, mit denen die Kriegsküchen auskamen: pro Kopf und Mittagessen zwischen 3,0 und 6,7 g.

Glättli, Fütterungslehre. 5. Aufl. Huber & Co., Frauenfeld 1915.

Ein kurzes Lehrbuch für den praktischen Landwirt (166 Seiten). Die Zusammenfassung der Nährstoffe nach einheitlichem Maße ist noch nicht durchgeführt, die Kellnerschen Stärkewerte wohl zitiert, aber nicht ganz verstanden.

Griesbach, Die Physiologie und Hygiene der Ernährung in populär-wissenschaftlicher Darstellung. Holze & Pahl, Dresden 1915.

Kurzes Büchlein, das Vorlesungen über die Ernährung vom vorwiegend chemischen Standpunkte und in seinem letzten Kapitel, „Beschaffung von Nährwerten im Kriege", die staatlichen Ernährungsmaßnahmen in Deutschland sowie die letzten Methoden der Erzeugung von Salpeter, Kalkstickstoff, Hefeeiweiß, Kriegsbrot, Blutbrot, Strohbrot enthält. Gutes Literaturverzeichnis über die Ernährungsschriften der letzten Jahre.

Gundobin, N. P., Die Besonderheiten des Kindesalters. Allgem. med. Verlagsanstalt, Berlin 1912.

Anatomische und physiologische Messungszahlen.

Hampel, F., k. u. k. Hofkoch. Deutsche und österreichische Küche. Wien 1915. Selbstverlag. 30 S. Vorschläge für einen rationellen Betrieb der Speisehäuser.

Hess, Adolf und Olga, Wiener Küche. Wien, Deuticke 1916. (1575 Seiten.) Ausführlichstes wissenschaftliches Kochbuch mit genauer Zubereitung, Berechnung der Preise, der chemischen Rohstoffe und Calorien bei jeder einzelnen Speise.

Hindhede, Moderne Ernährung. Vobach & Co., Berlin. Deutsche Ausgabe von Düring.

Hindhedes großes Verdienst ist es, daß er die Vorteile einer einfachen, eiweißarmen, billigen Kost nicht nur theoretisch gelobt, sondern in vieljähriger Praxis bewiesen und populär gemacht hat. Er hat nicht den Fanatismus des Vegetariers, der den Fleischgenuß aus mystisch-philosophischen Gründen verabscheut. H. nimmt auch das Fleisch zur Abwechslung in der Kostfolge, in kleinen Mengen und soweit es billig zu haben ist.

— Praktisches Kochbuch. Vobach & Co., Berlin.

292 Rezepte, die vor dem Kriege sehr praktisch und billig waren. Jetzt wären sie — wegen der reichlichen Verwendung von Margarine — nicht mehr billig herzustellen.

— Nahrungsmittelverbrauch dänischer Familien. Münch. med. Wochenschr. 28. 1915.

Jencke, Käthe, Ein Monat Volksküchenrezepte. Monse, Bautzen 1916.

31 Rezepte billiger Speisen für je 100 Personen, im Jugendheim Wilthen praktisch erprobt. Die Zubereitung ist genau angegeben, die Quantitäten aller einzelnen Ingredienzien und ihr Preis übersichtlich zusammengestellt.

Kellner, O., Die Ernährung der landwirtschaftlichen Nutztiere. 6. Aufl. Parey, Berlin 1912.

Eine ausgezeichnete Darstellung der landwirtschaftlichen Fütterungslehre. Die Landwirte haben an den Tieren die Ernährung im großen studiert, während sich die exakten Beobachtungen am Menschen bisher meistens auf nur einzelne Personen erstreckten.

Das größte experimentelle Material steckt in den „Tabellen zur Futterberechnung“ am Schlusse des Buches S. 619—622. Jedes einzelne zu prüfende Nahrungsmittel wurde als Zugabe zu einem bekannten Erhaltungsfutter gegeben und durch Stoffwechselversuch wurde bestimmt, wieviel Fettwert durch den Überschuß zum Ansatz gebracht wurde. Die Durchschnittsergebnisse dieser Versuche wurden dann zur Festsetzung der Stärkewerte benutzt (S. 602 bis 613). Durch 100 kg wasserfreie Stärke wird durchschnittlich ein Ansatz von 25 kg Fett erzielt. Ein Futtermittel, von dem 100 kg den Ansatz von 25 kg Fett erzielten, ist der Stärke gleichgesetzt, es hat den Stärkewert 100. Erzielt es nur den Ansatz von 12,5 kg, so hat es den Stärkewert 50. Der Stärkewert entspricht im allgemeinen der calorischen Summe der verdaulichen Nährstoffe, vermindert einerseits um die Verdauungsarbeit, die zum Zermalmen der Rohfaser verwendet wird, und andererseits um die gasförmigen Ausscheidungen, die bei Wiederkäuern einen wesentlichen Prozentsatz der Energie mancher Futtermittel betragen. Die Zerkleinerungs- und Verdauungsarbeit kann, wie z. B. beim Reisig, so groß sein, daß sie mehr Energie beansprucht, als die verdaulichen Nährstoffe enthalten. Dann ist der Stärkewert negativ. Die Nahrungsmittel, welche auch vom Menschen genossen werden (Kartoffeln, tierische Produkte usw.), haben sich fast alle als vollwertig erwiesen; es entspricht bei ihnen der Tierversuch den theoretischen Voraussetzungen. Ausnahmen machen Zucker und die organischen Säuren.

König, J., Chemie der menschlichen Nahrungs- und Genußmittel. 4. Aufl. Springer, Berlin 1903—1914.

Umfangreiches Nachschlagewerk für alle Gebiete der menschlichen Ernährung.

I. Band 1903 (1535 S.). Chemische Zusammensetzung. — Sämtliche verläßlichen chemischen Analysen von Autoren der ganzen Welt über alle einzelnen Nahrungs- und Genußmittel sind hier zusammengetragen und daraus Mittelzahlen gezogen.

II. Band 1904 (1557 S.). Allgemeine Ernährungslehre; die Herstellung, Zusammensetzung und Beschaffenheit der menschlichen Nahrungsmittel. — Die Übersichtstabelle S. 1467—1498 bringt die chemischen Durchschnittswerte und daraus berechnet: ausnutzbare chemische Nährstoffe, Nährstoffverhältnis, rohe und reine Calorien, den durchschnittlichen Marktpreis und die Preiswerteinheiten.

III. Band. Untersuchung von Nahrungs-, Genußmitteln und Gebrauchsgegenständen. 1. Teil 1910 (772 S). Allgemeine Untersuchungsverfahren. Wägung, Calorimetrie, Colorimetrie, Polarimetrie usw. 2. Teil 1914 (972 S.). Untersuchung der einzelnen Nahrungsmittel. Fleisch, Wurst, Milch, Mehl, Brot usw.

— Nährwerttafel. 11. Aufl. Springer, Berlin 1913.

Farbige Wandtafel, welche die wichtigsten Nahrungsmittel in ihrem Gehalte an chemischen Teilsubstanzen (Eiweiß, Fett, Kohlenhydrate, Salze) an Calorien und Nährgeldwert (bei Friedenspreisen) darstellt.

Kraemer, A., Die Methoden der Berechnung der Futterrationen. Parey, Berlin 1910.

Mathematische und graphische Methoden, um das richtige Verhältnis zwischen Eiweißwert und Stärkewert bei der Tierfütterung zu finden. Ich glaube, daß meine Art der graphischen Bestimmung derselben Nahrungsverhältnisse (Eiweißdekanem und Brennstoffhektonem) mittels der Tafel I viel einfacher ist. (S. 123.)

Kuczynski, R., und N. Zuntz, Unsere bisherige und unsere künftige Ernährung im Kriege. Vieweg, Braunschweig 1915.

Volkswirtschaftliche Studien über die Ernährungsmaßnahmen in Deutschland im ersten Kriegsjahre und wertvolle wirtschaftspolitische Richtlinien für die Zukunft, besonders über die Schweinehaltung.

Kunert, Alfred, Dr., Unsere heutige falsche Ernährung als Ursache des Rückgangs unserer Volkskraft. 3. Aufl. Selbstverlag, Breslau.

Vom Standpunkte des Zahnarztes und im Anschlusse an Röse verlangt Kunert einen größeren Mineralreichtum der Nahrung und betont die Wichtigkeit eines die Kleie enthaltenden Schwarzbrotes, von Hülsenfrüchten, ungeschältem Reis und von hartem Trinkwasser. Ganz besonders gefährlich sei der Zucker.

Langstein-Meyer, Säuglingsernährung und Säuglingsstoffwechsel. 2. Aufl. Bergmann, Wiesbaden 1914.

Modernste Zusammenfassung der herrschenden Ansichten über Physiologie und Pathologie der Säuglingsernährung.

Müller, Erich, Stoff- und Kraftwechsel der Kinder im 3. bis 6. Lebensjahre. Biochem. Zeitschr. **5**, H. 2—4.

Stoffwechselversuche an 32 Kindern im 3. bis 6. Lebensjahre mit besonderer Berücksichtigung des Kraftwechsels auf Grund direkter calorischer Bestimmungen. Die umfangreichste Stoffwechselstudie, die wir über das mittlere Kindesalter besitzen.

v. Pfaundler, Körpermaßstudien an Kindern. Springer, Berlin 1916. (148 S.)

Studien über die Variation der Körpermaße in verschiedenen Ständen, der Beziehungen zwischen Körpervolumen und Körpergewicht. Neue Methode der Messung der Hautoberfläche. Geschichte und Kritik des energetischen Oberflächengesetzes.

v. Pirquet, Eine einfache Tafel zur Bestimmung von Wachstum und Ernährungszustand bei Kindern. Zeitschr. f. Kinderheilk. **6**, H. 4. 1913.

Die Angaben von Camerer über Gewicht und Länge von Knaben und Mädchen werden auf ihre Faktoren Länge^3 : Gewicht und Gewicht : Länge^3 (in meiner heutigen Nomenklatur Stakudugi und Gidustaku) untersucht und auf diese Art mit den Messungen von Gundobin verglichen. Eine Tabelle bringt die Berechnungen von Durchschnittsgewicht und Durchschnittslebensalter für jeden einzelnen Zentimeter der Körperlänge (Standhöhe). Es war ein Fehler, diese Tafel einseitig auf die Angaben von Camerer zu basieren, welche keinem physiologischen Durchschnittsmaterial entsprechen.

— Schematische Darstellung der Säuglingsernährung. Zeitschr. f. Kinderheilk. **1**. 1911.

Erster Versuch der Darstellung von Minimum, Maximum und Optimum in der Säuglingsernährung. Die Beziehung der Säuglingsernährung ist noch auf das Körpergewicht gerichtet. Der Wert der Milch ist mit 66,7 Calorien angenommen, aber noch nicht als metrisches Maß verwendet. Als Optimum wird Tagesnahrung in Form von Milch mit 15% des Körpergewichtes angenommen, als Minimum 10% des Körpergewichtes. Für das Körpergewicht in der Nähe von 3 kg entspricht diese Rechnung ungefähr den Formeln Optimum = 5 Dezinem Siqua und Minimum = 3 Dezinem Siqua.

v. Pirquet, Die Zuckerrübe als menschliches Nahrungsmittel. Das österr. Sanitätswesen XXVII 1915, Nr. 39/42.

— Richtlinien der Volksernährung. Verhandl. d. 2. deutsch-österr. Tagung für Volkswohlfahrt 1917.

Rubner, Die Vertretungswerte der hauptsächlichsten organischen Nahrungsstoffe im Tierkörper. Zeitschr. f. Biol. **19**, 314. 1883.

Grundlegende Arbeit, in welcher als Maß der potentiellen Energie der Stoffe der calorische Wert derselben eingeführt wird, während früher (Liebig) angenommen wurde, daß sich die einzelnen Nahrungsstoffe nach ihrer Fähigkeit, Sauerstoff zu binden, vertreten können. 100 Teile Fett sind isodynam mit Teilen

	Stärke	Rohrzucker	Traubenzucker
nach dem verbrauchten Sauerstoff (Liebig)	240	249	263
nach der abgegebenen Wärme (Danilewski und Rechenberg)	221	231	243
nach den Ergebnissen der Tierversuche (Rubner)	232	234	256

— Über den Einfluß der Körpergröße auf Kraft- und Stoffwechsel. Zeitschr. f. Biol. **19**, 536. 1883.

Grundlegende Arbeit für die Bedeutung des Flächenwertes im Stoffwechsel. Dieser gehe parallel mit der Größe der Hautoberfläche, „weil die von der Haut ausgehenden, durch die Abkühlung bedingten Impulse die Zellen zur Tätigkeit anregen" (S. 550).

— Calorimetrische Untersuchungen. Zeitschr. f. Biol. 1885, S. 250.

Anwendung der in den beiden vorhergehenden Arbeiten aufgestellten Prinzipien auf die menschliche Ernährung.

— Die Lehre vom Kraft- und Stoffwechsel und von der Ernährung. Handbuch der Hygiene von Rubner, Gruber und Ficker. 1. Bd. Hirzel, Leipzig 1911.

— Beiträge zur Ernährung im Knabenalter. A. Hirschwald, Berlin 1902.

— Über moderne Ernährungsformen. Oldenbourg, München 1914.

Während Liebig im Eiweiß die Quelle der mechanischen Kraft und Gesundheit erblickte, fielen jetzt Chittenden und Hindhede in das andere Extrem, indem sie Eiweiß als schädlich ansehen. Rubner hat schon 1883 das absolute Eiweißminimum als „Abnutzungsquote" mit 5—6% der Gesamtcalorien in Eiweißform angegeben. Für die Volksernährung sei es aber nicht empfehlenswert, sich in der Nähe des Minimums aufzuhalten, sondern man solle das Eiweißoptimum lieber von jenen Menschenklassen lernen, die einen befriedigenden Ernährungszustand zeigen.

Rubner, Über Nährwert einiger wichtiger Gemüsearten und deren Preiswert. Hirschwald, Berlin 1916.

Die Gemüse sind in ihrem calorischen Werte außerordentlich verschieden, was beim Einkaufe zu berücksichtigen ist.

—, Stein, Liepmann u. a., Volksernährung, Massenspeisung. Verhandlungen des Zentralvereins für das Wohl der arbeitenden Klassen, Berlin, 28. Oktober 1915. Leonhard Simion, Berlin 1916.

Rubner gibt eine allgemeine Einleitung über Ernährungsphysiologie, Stein spricht über die Massenspeisungen in Frankfurt a. M., Liepmann über Volksspeisungen in Berlin. Diskussion.

Schattenfroh, A., Ernährung und Krieg. Zeitschr. f. öffentl. Gesundheitspflege **3**, H. 1, S. 1. 1915.

Schlesinger, Wilhelm, Vorlesungen über Diät und Küche. Berlin-Wien, Urban & Schwarzenberg 1917.

Schloßmann und Sommerfeld, Ernährung des Kindes jenseits des ersten Lebensjahres. Handbuch der Kinderheilkunde von Pfaundler und Schloßmann. 2. Aufl. Vogel, Leipzig 1910.

Im theoretischen Teile stellen sich die Autoren auf den Standpunkt, daß der Brennstoffbedarf nach der Hautoberfläche, der Eiweißbedarf nach dem Körpergewichte zu rechnen sei. Der praktische Teil gibt Beispiele der Ernährung gesunder und kranker Kinder und 53 Rezepte.

Schütz, F., Über das Ernährungsbudget. Zeitschr. f. Hyg. u. Infektionskrankh. **83**. 1916.

Eine Woche deutsche Familienkost vor dem Kriege. Zusammenstellung aller Veröffentlichungen über Nahrungsmengen von Kindern im Alter von 3—14 Jahren. Sehr komplizierte Berechnungstafel für Familienernährung.

Schumburg, Einzelernährung und Massenernährung. Barth, Leipzig 1913. (Handbuch der Hygiene von Weyl III, Bd. 3.)

Zusammenfassung der hygienischen Ernährungslehren in 180 Seiten. Berücksichtigung der Literatur bis in die jüngste Zeit. Diätformulare für Waisenhäuser, Gefangene, Soldaten (Beschreibung der Feldküchen), Schiffe und Krankenhäuser.

Springer, Anna, Vegetarisches Kochbuch. 6. Aufl. Leichter, Berlin 1914.

1060 Kochrezepte ohne Fleisch, aber mit Ei und Milch.

Sternberg, W., Das Nahrungsbedürfnis. Barth, Leipzig 1913.

Physiologisch-philosophische Ausführungen ohne Beziehung zur quantitativen Ernährung.

Stoklasa, Julius, Entspricht die jetzige Broterzeugung den modernen biochemischen Forschungen der menschlichen Ernährung? Deutsche med. Wochenschrift 1915.

Empfiehlt das die Kleie enthaltende Finklersche Finalmehl.

Thomas, Nahrung und Ernährung. Teubner, Leipzig 1914.

Urbeanu, Die Gefahr einer an Kaliumverbindungen zu armen Ernährungsweise und ihre Beziehung zu Ernährungskrankheiten. Urban & Schwarzenberg, Wien 1916.

Urbeanu glaubt, daß die Pellagra in Rumänien durch Kalimangel hervorgerufen sei. Das Minimum an Kalium sei 29 g K_2O im Tage. Durch Zufuhr von Kartoffeln, Gemüsen und Früchten ist der Gefahr des Kaliumdefizits vorzubeugen, die bei vorwiegender Ernährung mit entschältem Reis, Weizenbrot und Maismehl besteht.

v. Vierordt, Karl, Physiologie des Kindesalters. Laupp, Tübingen 1881.
Erste Zusammenfassung dieses Gebietes. Jetzt veraltet.

— H., Anatomische, physiologische und physikalische Daten und Tabellen für Mediziner. 3. Aufl. Fischer, Jena 1906.
Vorzügliches Nachschlagewerk für die quantitativen Forschungsergebnisse der Anatomie und Physiologie des Menschen, Zusammensetzung der Nahrungsmittel, Stoffwechsel, besonders für das in der älteren Literatur enthaltene exakte Material.

Wamser, Untersuchungen über den Energie- und Eiweißbedarf der höheren Tiere und der Menschen. Verlag der Zentral-Einkaufsgesellschaft, Berlin 1915.
Außerordentlich komplizierte und außerdem noch unrichtige mathematische Ernährungsformeln. Nach diesen Formeln hätte z. B. ein einmonatiger Knabe einen Tagesbedarf von 1780 g Muttermilch mit 50 g Eiweiß. In Wirklichkeit trinkt ein solches Kind ungefähr 600 g Muttermilch mit 10 g Eiweiß. Die Zentral-Einkaufsgesellschaft hat keinen guten Einfall gehabt, diese Mathematik als Volksbuch herauszugeben.

Weißenberg, S., Das Wachstum des Menschen. Strecker & Schröder, Stuttgart 1911.
Sehr gründliche und bemerkenswerte Bearbeitung von anthropologischen Messungen an ungefähr 3000 Personen.

Zuntz, Einfluß des Krieges auf Ernährung und Gesundheit des deutschen Volkes. Med. Klinik 1915, S. 43, 44.

Sachverzeichnis.

Hier sind zunächst alle Sachnamen und Nahrungsstoffe verzeichnet, welche im Buche genannt werden, unter Anführung der Seitenzahl, wo sie besprochen sind. Ferner ist eine große Zahl anderweitiger Nahrungsmittel angeführt, um das Sachregister zu einem Nachschlagebuch für den praktischen Gebrauch auszugestalten.

Blumenkohl, getrocknet. Im Gramm 3,3 Nem; Hektonem 30 g, 2 Dekanem Eiweiß.

Blut 18,44. Im Gramm 1,25 Nem. Hektonem 80 g, 7 Dekanem Eiweiß.

Blutwurst 18, 44. Im Gramm 4 Nem; Hektonem 25 g, 1 Dekanem Eiweiß.

Bohnen, frisch 18,45 (Schnittbohnen, Fisolen). Im Gramm 0,5 Nem; Hektonem 200 g, 2 Dekanem Eiweiß.

— trocken 19. Im Gramm 4 Nem; Hektonem 25 g, 2 Dekanem Eiweiß.

— Zubereitung als Doppelnahrung 21.

Bonbons. Im Gramm 6 Nem; Hektonem 17 g, kein Eiweiß.

Bouillon s. Kraftbrühe.

Bouillonkapseln s. Fleischextrakte.

Brennstoffe der Nahrung 23.

Brie s. Käse. Feuchter Rahmkäse. Im Gramm 5 Nem; Hektonem 20 g, 2 Dekanem Eiweiß.

Bries. Im Gramm 2 Nem; Hektonem 50 Gramm, 7 Dekanem Eiweiß.

Brot, Nemwert 18, Eiweißwert 45. S. Weizenbrot, Roggenbrot, Mischbrot.

Brustumfang (Bru) 49. Umfang in den Horizontalen des Schwertfortsatzes; bei Mittelstellung zwischen Expirium und Imspirium.

— Bruqua: Brustumfang zum Quadrat erhoben 49.

Bucheckern (Buchnüsse). Im Gramm 6,7 Nem; Hektonem 15 g, 1 Dekanem Eiweiß.

Die Bucheckern haben einen hohen Fettgehalt (29%).

Büchsenfleisch 17, 44. Im Gramm 2,5 Nem.: Hektonem 40 g, 4 Dekanem Eiweiß.

Bückling siehe Hering, geräuchert.

Butter 17. Im Gramm 11,8 Nem (rund 12 Nem); Hektonem: 8,5 g, kein Eiweiß. Butter ist das erstarrte, aus der Milch abgeschiedene Fett, welchem durchschnittlich 15% süße oder saure Magermilch in gleichmäßiger und feinster Verteilung beigemischt sind (Soxhlet). Beim Erhitzen tritt eine Trennung ein. Die Magermilch sinkt zu Boden, darauf schwimmt die Schmelzbutter oder das „Rindsschmalz“ (nicht zu verwechseln mit Rindstalg oder Kernfett, dem aus dem Fettgewebe der Rindes gewonnenen Schmalz), das sich dann von den übrigen Fetten und Ölen nicht mehr wesentlich unterscheidet. Das Buttern erfolgt entweder aus süßem oder saurem Rahm; danach richtet sich der Geschmack der Butter.

Buttermilch, Im Gramm 0,5 Nem; Hektonem 200 g, 4 Dekanem Eiweiß.

Buttermilch-Käse s. Käse.

Cellulose, als Brennstoff und Rauhnahrung 26.

Cerealien, 16, 45.

Cervelatwurst, Im Gramm 6,7 Nem; Hektonem 15 g, 2 Dekanem Eiweiß.

Cheddar u. **Chester** s. Käse. Trockener Vollmilchkäse. Im Gramm 6 Nem; Hektonem 17 g, 3 Dekanem Eiweiß.

Darm-Länge 70.

— Breite 73.

— Fläche 74, Verhältnis der Darmfläche zur Sitzhöhe (Darmfläche = Siqua) 74.

Verhältnis zum Körpergewicht (Darmfläche = Geliqua) 82.

Datteln, trocken. Im Gramm 4 Nem; Hektonem 25 g, 0,5 Dekanem Eiweiß.

Decinem, abgekürzt dn; (analog zu decigramm, decimeter): der zehnte Teil eines Nems; der Nahrungswert von einem Zehntel Gramm Frauenmilch.

Dekanem (analog zu Dekagramm): der Nahrungswert von 10 Nem oder Gramm Frauenmilch. Dieser Ausdruck wird nur beim Eiweiß verwendet. Ein Dekanem. Eiweiß im Hektonem oder 10% des Brennstoffgehaltes an Stickstoff in Eiweißform gebunden ist der Eiweißgehalt der Frauenmilch.

Deutschland, Verbrauch an Nahrungsmitteln 27.

Doppelnahrung 20. Nahrungsmittel, welches im Gramm 2 Nem enthält.

Dörrgemüse. Grüne Gemüse, Obst und Schwämme verlieren beim Trocknen sehr viel an Gewicht, da sie in frischem Zustande 70—90% Wasser enthalten. Obst wird auf 20—30% Wassergehalt, Gemüse u. Schwämme auf 10—20% getrocknet. Je nach der Intensität der Trocknung variiert der Nahrungswert zwischen 2,8 und 4,9 Nem im Gramm.

Mittelwert: Im Gramm 3,3 Nem; Hektonem 30 Gramm.

Eiweißgehalt je nach der Art der Pflanze verschieden: von 0,5 bis 3 Dekanem im Hektonem.

Dotter s. Ei.

Du = durch bedeutet die Division eines Maßes durch das andere, 49.

Ei (Hühnerei) 17, 44. Im Gramm 2,5 Nem; Hektonem 40 g, 3 Dekanem Eiweiß.

— Hühnereier kann man (halbschematisch) in folgender Weise chemisch zerlegen:

Eiweißsubstanz. Im Eierklar sind von 18,8 Nem 18 Nem Eiweißsubstanz, also im Hektonem 96, rund 10 Dekanem. Im Eigelb sind von 81,1 Nem. 32,4 Nem Eiweißsubstanz, also im Hektonem 40, oder 4 Dekanem.

Eidamer s. Käse. Trockener Vollmilchkäse. Im Gramm 6 Nem; Hektonem 17 g, 3 Dekanem Eiweiß.

Eigelb aus Hühnereiern getrocknet. Im Gramm 9 Nem; Hektonem 11 Gramm, 2 Dekanem Eiweiß. Das getrocknete Eigelb enthält 52% verdauliches Fett.

Einbrenn 138.

Einbrennsuppe ohne Fett. Rezept: 200 g Mehl (1000 Nem) werden mit 1 g Kümmel braun geröstet. Das Mehl läßt man auskühlen, gießt es mit 500 g kaltem Wasser auf und gießt sodann die Flüssigkeit in 700 g kochendes Salzwasser (1,5% Salzlösung). Innerhalb einer halben Stunde wird das Ganze auf 1000 g zur Suppe eingekocht.

Einkauf von Nahrungsbrennstoff 132.

— von Nahrungseiweiß 142.

Eis s. Gefrorenes.

Eiweiß, aus dem Hühnerei getrocknet. Im Gramm 5 Nem; Hektonem 20 g;

Ei vom Huhn	Gewicht	Eiweiß-Substanz			Fett-Substanz			Summe
	g	%	g	Nem	%	g	Nem	Nem
Schale	5	—	—	—	—	—	—	—
Eierklar	30	10	3,0	18,0	0,2	0,06	0,8	18,8
Eigelb	15	16	2,4	14,4	33,3	5,0	66,7	81,1
Ei ohne Schale	45	12	5,4	32,4	11,3	5,06	67,5	99,9

Das ganze Ei hat daher 100 Nem. in 45 g, oder rund 2,5 Nem in 1 g,

das Eierklar 20 Nem in 30 g oder rund 0,67 Nem in 1 g,

das Eigelb 80 Nem in 15 g oder rund 5,0 Nem in 1 g.

Im ganzen Ei sind von 100 Nem 32,4 oder rund 3 Dekanem chemische

8 Dekanem Eiweiß. Enthält außer Eiweiß (73%) Wasser (12%) Salze (6%) und Kohlenhydrate (9%).

— chemischer Begriff. Bedeutung als Brennstoff 25. Protein verbrennt im Ofen mit einer Wärmeabgabe von durchschnittlich 5,711 Kalorien pro Gramm. Im Menschen aber verbrennt das Protein nicht vollständig, sondern der Stickstoff wird zum größten Teile als Harnstoff, also in einer brennbaren Verbindung ausgeschieden. Durch Abzug des darauf entfallenden Harnstoffes berechnet König den physiologischen Nutzwert des Eiweißes mit 4,834 Kalorien per Gramm. Er hat diese Zahl bei der Bestimmung aller kalorischen Summen der Nahrungsmittel verwandt. Nach den Experimenten Rubners ist aber der tatsächliche Verbrennungswert des Eiweißes im Organismus nur 4,1 Kalorien im Gramm, da außer dem Harnstoff noch andere Spaltungsprodukte des Eiweißes unverbrannt abgehen.

Ich habe bei den eiweißreichen Nahrungsmitteln die Berechnung nach Rubner durchgeführt; bei den eiweißarmen aber sind von mir vielfach die Königschen Kalorienzahlen benutzt worden, wodurch gewisse Unstimmigkeiten entstehen, die ich bei einer späteren Auflage des Buches in einheitlicher Weise lösen will.

Eiweiß-Dekanem. In einem Hektonem Frauenmilch sind 10 Nem, ein Dekanem, in Eiweißform als Stickstoff gebunden. Die übrigen Nahrungsmittel werden in ihrem Eiweißgehalt mit der Frauenmilch als Einheit verglichen 46.

— Gehalt. Berechnung 118. Übersichtstabelle über den Eiweißgehalt der tierischen und menschlichen Nahrung 38, 40, 41.

— Grenzwerte für den Menschen 42.

— Berücksichtigung in der Speiseordnung 105.

Eiweiß-Nährpräparate. Die trockenen Eiweißnährmittel (Wassergehalt ungefähr 10%) haben einen Nährwert von durchschnittlich 5 Nem im Gramm; Hektonem 20 g, 9 Dekanem Eiweiß.

Ich zähle hier eine Reihe davon auf, nicht um sie zu empfehlen, sondern im Gegenteile, um ihnen den Nimbus einer geheimnisvollen Kraftnahrung zu nehmen, den sie vielfach noch genießen. Nach dem Nährwerte gruppieren sie sich folgendermaßen:

Energin (Reis), Protoplasmin, Soson, Haematin - Albumin, Haemoglobin, Haemogallol, Sanguinin, Fersan, Sicco, Haemon, Weizenprotein, Haemalbumin, Aleuronat, Roborat, Nutrose, Sanatogen, Galaktogen, Eulaktol, Eukasein, Haemol, Tropon, Nikol, Roborin, Plasmon, Ferratin, Mutase.

Ellenlänge (Le) 48. Ellenbogen bis zur Spitze des Mittelfingers.

Emmentaler s. Käse. Trockener Vollmilchkäse. Im Gramm 6 Nem; Hektonem 17 g, 3 Dekanem Eiweiß.

Entenfleisch. Im Gramm 2 Nem; Hektonem 50 g, 6 Dekanem Eiweiß.

Erbsen, grün, Gartenerbsen 18, 45. Im Gramm 1 Nem; Hektonem 100 g; 2 Dekanem Eiweiß.

— trocken 19, 45. Im Gramm 4 Nem, Hektonem 25 g, 2 Dekanem Eiweiß.

— Zubereitung als Doppelnahrung 21.

Erbswurst, trocken. Im Gramm 6,7 Nem; Hektonem 15 g, 1 Dekanem Eiweiß.

Erdbeeren, s. Obst, frisches.

Ernährungsdreieck 121.

Ernährungszustand, Gelidusi als Vergleichsmaß 63.

Erwachsene, Gelidusi 61.

Eselsmilch, chemische Zusammensetzung 13.

Euter (milcharm). Im Gramm 2,5 Nem; Hektonem 40 g, 2 Dekanem Eiweiß.

Fabrikarbeiter, Nahrungsverbrauch 32.

Familien, Nahrungsverbrauch 28.

Feigen, frisch. Im Gramm 1 Nem; Hektonem 100 g, 0,5 Dekanem Eiweiß.

— trocken. Im Gramm 3,3 Nem; Hektonem 30 g, 0,5 Dekanem Eiweiß.

Ferienkolonien 127.

Fett, Kalorischer Wert (Rubner), auch von König verwendet, 9,3 Kalorien im Gramm. Nemwert: ein Gramm ausgenütztes Fett 14 Nem; unter Abzug der Ausnützung in tierischen Produkten 13,5 Nem.

In Wurzelgewächsen, Gemüsen, Pilzen beträgt die Ausnützung nach König 60%, in Mehlen, Obst und Beerenfrüchten 40%; in den übrigen Samen und Früchten (ausgenommen Ölsamen mit 90%) nur 30%; ich rechne bei allen den genannten Stoffen das Fett wie Kohlenhydrat mit 6 Nem im Gramm.

— Ersetzbarkeit 1 g Fett (13,5 Nem.) = 2,25 Kohlenhydrat. Das Fett ist vollständig ersetzbar 24.

Fettgewebe, im Gramm 11 Nem; Hektonem 9 g, kein Eiweiß.

Fische, 18, 44. S. einzelne Fischnamen.

— zubereitet 116. Ungefährer Durchschnittswert im Gramm 1,5 Nem; Hektonem 67 g, 7 Dekanem Eiweiß.

Fischeier (Kaviar, Roggen) 44. Im Gramm 4 Nem; Hektonem 25 g, 4 Dekanem Eiweiß.

Fisolen s. Bohnen, frisch.

Fleisch 17, 44.

— zubereitet. Beim Braten wird der Wassergehalt je nach der Dauer und Intensität der Einwirkung der Wärme auf $^1/_2$ bis $^4/_5$ vermindert. 115.

— Kochen und Dünsten 116.

— Mittelwerte des zubereiteten Fleisches: Im Gramm 2,5 Nem; Hektonem 40 g, 6 Dekanem Eiweiß.

Fleischextrakte. Die Proteinstoffe werden entweder durch überhitzten Wasserdampf oder durch proteolytische Enzyme löslich gemacht. Ähnlich den dabei entstehenden Peptonen sind die Fleischextrakte, Speisewürzen und käufliche Saucen.

Rubner spricht dem Fleischextrakt jeden Nährwert ab, weil er glaubt, daß die Bestandteile des Extrakts ohne wesentlichen Verlust an Energie den Körper wieder verlassen, während Pflüger, Frenzel und Toriyama der Ansicht sind, daß die proteinfreien Extraktivstoffe des Fleisches etwa zu $^2/_3$ ihrer Menge am Stoffwechsel teilnehmen und dem Körper Energie abliefern.

Wegen dieser Unstimmigkeiten hat König keine Berechnungen über den Gehalt an Kalorien dieser Gruppe gegeben; da wir in der Praxis an dieser Gruppe nicht ganz vorübergehen können, habe ich eine vorläufige Bewertung in der Weise angestellt, daß die nach Abzug von Wasser und Asche restierende Trokkensubstanz mit 6 n im Gramm angenommen und dazu für jedes Gramm Fett (Äther-Auszug) weitere 7,5 nem zugezählt wurden. Die Abrundung erfolgte nach unten,

Wir kommen damit zu folgenden Zahlen:

	n im g	rund	1 hn hat g
Pepton Witte, Pulver	5,28	5,0	20
Pepton Merck „	5,25		
Somatose „	5,04		
Pepton Merk, Syrup	3,87	3,3	30
Fleischextrakt Liebig			
Fleischextrakt Armour	3,68		
Armour	3,60		
Fleischextrakt Flagge	3,58		
Fleischpepton Kemmerich	3,56		
Hefen-Extrakt Siris	3,46		
Proteosen-Nährmittel Toice	2,76	2,5	40
Fleischsaft Puro	2,55		
Valentines Malt Juice	2,06	2,0	50
Bouillonkapseln Maggi	1,85	1,5	67
Fleischlösung Leube Rosental	1,61		

1000 g Wasser weichgekocht. Dies braucht $^1/_2$—2 Stunden, je nach Art und Beschaffenheit.

40 g Mehl (200 Nem) werden hellbraun geröstet, ausgekühlt, mit kaltem Wasser verrührt und mit den Hülsenfrüchten vermengt. Hierauf gibt man 15 g Salz dazu und läßt die Masse auf 1000 g einkochen.

Hummer. Im Gramm 1,25 Nem; Hektonem 80 g, 7 Dekanem Eiweiß.

Hund, Energieverbrauch 92.

Innereien 18, 44, s. Blut, Bries, Herz, Hirn, Leber, Lunge.

Kabeljau (frisch). Im Gramm 1,25 Nem; Hektonem 80 g, 7 Dekanem Eiweiß.

Kaffee 139. Weil nur ein kleiner Teil gelöst wird, ist der Wert von gemahlenem Kaffee nur 0,5 n im Gramm.

Kajmak s. Käse (Rahmkäse). Im Gramm 6 Nem; Hektonem 17 g, 2 Dekanem Eiweiß.

Kakaopulver 19, 117. Im Gramm 6 Nem; Hektonem 17 g, 1 Dekanem Eiweiß.

Kalbfleisch, fett: 2,5 Nem im Gramm, Hektonem 40 g, Eiweiß 4 Dekanem; mager: 2,0 Nem im Gramm, Hektonem 50 g, Eiweiß 6 Dekanem; sehr mager: 1,5 Nem im Gramm, Hektonem 67 g, Eiweiß 7 Dekanem.

Kalbshirn, im Gramm 1,5 Nem; Hektonem 67 g, 4 Dekanem Eiweiß.

Kalksalze als Baustoffe 38.

Kaninchenfleisch (fett). Im Gramm 2,5 Nem; Hektonem 40 g, 4 Dekanem Eiweiß.

Kalorie. Wärmemenge, die erforderlich ist, um ein Kilogramm Wasser um einen Grad Celsius zu erwärmen. Von dieser „großen" oder „Kilogrammkalorie", abgekürzt „Kal.", unterscheidet sich die „kleine" oder „Grammkalorie". Es ist die Wärmemenge, die erforderlich ist, um ein Gramm Wasser um einen Grad zu erwärmen (abgekürzt „cal".).

In der Ernährungslehre sind noch zu unterscheiden die Gesamtkalorien, die ein Nahrungsmittel bei der Verbrennung im Ofen ergibt; die Rohkalorien, Gesamtkalorien weniger dem Anteile an Harnstoff, der aus den stickstoffhaltigen Teilen des Nahrungsmittels unverbrannt abgeht; und die Reinkalorien: Rohkalorien vermindert um den durchschnittlichen Betrag des im Darme unausgenutzt bleibenden Nahrungsrestes.

Der Begriff der Kalorie stammt aus der Zeit Lavoisiers (1743—1794) und wurde in die Ernährungslehre durch Rubner 1883 eingeführt.

Karfiol s. Blumenkohl.

Karpfen, fetter Fisch. Im Gramm 2,5 Nem; Hektonem 40 g, 4 Dekanem Eiweiß.

Kartoffel, Nemwert 18, Eiweißgehalt 45, Besprechung des Eiweißwertes 118. Zubereitung als Gleich- und Doppelnahrung (Friedensrezept) 21. Im Gramm 1,25 Nem; Hektonem 80 g, 0,5 Dekanem Eiweiß.

— Kriegsrezept: Gedämpfte Kartoffeln.

800 g geputzte Kartoffeln (die Kartoffeln werden mit einer Bürste fest gewaschen, die schlechten Stellen herausgeschnitten, die übrige Rinde nicht abgeschält) in den Sterilisator eingelegt, im Wasserdampf durch eine Stunde gedämpft.

Wesentlich bei der Bewertung der Kartoffel ist der Wassergehalt. Er beträgt 66—83%, im Mittel 75%.

Käse 17,44 runder Mittelwert: im Gramm 5 Nem, Hektonem 20 g, im fetten Käse 3, im mageren 4 Dekanem Eiweiß. Der Nährwert der Käsearten ist nach Wassergehalt und Fettgehalt sehr verschieden. — Einzelne Arten: Bei Zusatz von Lab gerinnt das Kasein der Milch und reißt bei der Gerinnung den größten Teil des Fettes mit sich. Wenn der Käse aus Vollmilch gemacht wird, so enthält er ungefähr gleiche Teile von Kasein und Fett. Wenn das Lab aber zu fettreichem Rahm zugesetzt wird, so macht das mitgerissene Fett ungefähr doppelt so viel aus als das gefällte Kasein. Und andererseits, wenn man eine abgeschöpfte oder eine ausgebutterte Milch mit Lab versetzt, enthält der Niederschlag wenig oder kein Fett (Magerkäse).

Der Nemwert der Fällung, also des Käses, hängt wesentlich von dem Verhältnis zwischen Fett und Kasein ab; denn das Kasein hat einen Nemwert von 6, das Fett von 13,5 Nem. im Gramm. Je mehr Fett in der Milch vorhanden war, als der Niederschlag erzeugt wurde, desto höher ist der Nemwert des Niederschlages, also des Käses.

Ein weiterer Faktor, der starke Schwankungen im Nemwert des Käses macht, ist der Wassergehalt. Der Niederschlag reißt nämlich auch viel Wasser mit, das nachher teils von selbst abfließt, teils ausgepreßt wird und endlich beim Reifen des Käses mehr und mehr verdunstet. Nur den Topfenkäse essen wir in einem wasserreichen Stadium, die übrigen erst später; den Parmesan gewöhnlich ganz trocken.

Die folgende Tabelle zeigt den Nemwert der wichtigsten Käsegattungen nach dem Werte der einzelnen Bestandteile in der Trockensubstanz und nach dem Wassergehalte (halbschematisch):

1. Ein Käse, der aus Rahm gewonnen ist, hat doppelt so viel Fett als Eiweiß. Von 100 g Trockensubstanz werden 60 aus Fett, 30 aus Eiweiß, 5 aus Milchzucker und 5 aus Salzen gebildet. Ein Gramm dieser Trockensubstanz hätte den Wert von 10 Nem. Nun kommt aber auf 1 g Trockensubstanz beim frischen Käse 1 g Wasser; der Nemwert wird dadurch auf die Hälfte erniedrigt, auf 5 Nem im Gramm (Portion 20 g). Ist der Käse so weit ausgetrocknet, daß nur mehr $^1/_2$ g Wasser auf 1 g Trockensubstanz kommt, so steigt der Nemwert auf 6,7 Nem im Gramm (Portion 15 g).

Repräsentant für den feuchten Rahmkäse ist der Brie, für den

Käse vornehmlich aus	Gramm in 100 g Trockensubstanz: Fett	Gramm in 100 g Trockensubstanz: Eiweiß	Gramm in 100 g Trockensubstanz: Kohleh.	Nem in 100 g Trockensubstanz: Fett (13,5)	Nem in 100 g Trockensubstanz: Eiweiß (6,0)	Nem in 100 g Trockensubstanz: Kohleh. (6,0)	Nem in 100 g Trockensubstanz: Summa	Nemwert bei einem Wassergehalt von 67% (zu 100 g Trockensubstanz Wasser) 200 g	50% 100 g	33% 50 g	Käsesorte	Abgerund. Nemwert Nem in g
1. Rahm	60	30	5	810	180	30	1020	—	510		Brie	5,0
										680	Stilton	6,7
2. Vollmilch	45	45	5	608	270	30	908	—	454		Romadour	5,0
										605	Emmentaler	6,0
3. abgerahmt. Milch (Magermilch)	30	60	5	425	360	30	795	—	398		Kümmel	4,0
										530	Parmesan	5,0
4. saur. Buttermilch und Molken	15	75	5	203	450	30	683	228			Topfen	2,5
									342		Quargel	3,3

trockenen der Stiltno. Zwischen diesen, mit etwa 40% Wasser, stehen Neufchateller oder Gervais und Stracchino, sowie der serbische Rahmkäse Kajmak; hier wird 1 g mit 6 Nem angenommen.

2. Beim Käse aus Vollmilch würde die wasserfreie Trockensubstanz 9 Nem im Gramm enthalten; der feuchtere Romadour enthält demnach ungefähr 5 Nem, der trockenere Emmentaler 6 Nem im Gramm. Die meisten gebräuchlichen Käsesorten stehen dem Emmentaler nahe: Cheddar, Chester, Eidamer, Gorgonzola, Holländer, Vorarlberger Käse; daran schließt sich der aus Schafsmilch hergestellte Roquefort.

3. Die dritte Gattung Käse wird aus Milch gewonnen, welcher durch Abrahmen ein Teil des Fettes entzogen ist. Dann bildet in der Fällung das Eiweiß eine doppelt so große Masse als das Fett. Die vollkommen wasserfreie Trockensubstanz würde 8 Nem im Gramm enthalten. Ein feuchter Magerkäse mit 50% Wassergehalt — oder einem gleichen Gehalt an Wasser wie an Trockensubstanz — hat demnach 4 Nem im Gramm.

Diesen Wassergehalt hat der Vorarlberger Sauerkäse, etwas weniger der schwedische Kümmelkäse, der dänische Exportkäse, der Ober-Engadiner Käse.

Bei einem Wassergehalt von ungefähr 33%, also von 50 g Wasser auf 100 g Trockensubstanz, hat der Magerkäse einen Nemwert von 5,3 Nem oder von rund 5 Nem im Gramm. Dies trifft zu für den italienischen Parmesankäse.

4. Noch billigere Käsesorten sind jene, welche aus den Abfällen der Butterei und Käserei, aus Buttermilch und Molken gewonnen sind. Hier trifft nur mehr ein Teil Fett auf 5 Teile Eiweiß; die wasserfreie Trockensubstanz würde nur 6,83 Nem im Gramm enthalten. Dazu kommt, daß diese Käsesorten in frischerem, wasserreicherem Zustand genossen werden als die früher genannten.

Der Topfen enthält ungefähr 87% Wasser oder 200 g Wasser auf 100 g Trockensubstanz, der Nemwert entspricht demnach einem Drittel von 6,83, oder rund 2,5 Nem im Gramm. Analog dem Topfen sind der Vorarlberger Ziger und die sächsischen Quargeln zusammengesetzt, während eine zweite Gruppe, die Olmützer Quargeln, der Mainzer Handkäse und der Glarner Ziger, ungefähr 50% Wasser enthält und daher mit 3,42 oder rund 3,3 Nem im Gramm zu bewerten ist.

Das Eiweißverhältnis der Käsegattungen läßt, wie aus der Tabelle

Käse vornehmlich aus	in der Trockensubstanz Nem	Eiweiß Nem	Verhältnis Ein : n	rund Dekanem Eiw.
1. Rahm	1020	186	18	2
2. Vollmilch	908	270	30	3
3. abger. Milch . .	795	360	45	4
4. Buttermilch und Molken	683	450	66	6

hervorgeht, sehr bedeutende Schwankungen erkennen. Hier können wir den Wassergehalt vernachlässigen, weil es nur auf das Verhältnis Eiweißnem zum Gesamtnem ankommt. In der Trockensubstanz des Rahmkäses kommen auf 1020 Gesamtnem 180 Eiweißnem, also auf 100 Nem 18 Eiweißnem; es ist also das Verhältnis ungefähr doppelt so hoch als in der Frauenmilch, die Wertigkeit wird mit 2 angenommen.

Bei den Vollmilchkäsen ist das

Kopfbreite (Kei), größter Breitendurchmesser des Schädels ober den Ohren 49.

Kopflänge (Ke) größter Längendurchmesser des Schädels, Stirne bis Hinterhaupt 49.

Kopfsalat 19, 45. Im Gramm 0,2 Nem; Hektonem 500 g (ohne Zutaten!) 2 Dekanem Eiweiß.

Der Wassergehalt des frischen Salates beträgt 93—96%.

Kopfumfang (Ku), größter Umfang um Stirne und Hinterhaupt mit dem Bandmaß gemessen, 49.

Kraftbrühe (Bouillon). Mittelwert: im Gramm 0,1 Nem; Hektonem 1000 g, 3 Dekanem Eiweiß.

Kraut (Weißkraut, Rotkraut). Im Gramm 0,33 Nem; Hektonem 300 g (ohne Zutaten), 2 Dekanem Eiweiß.

Krebsfleisch (Flußkrebs, frisch). Im Gramm 1,25 Nem; Hektonem 80 g, 7 Dekanem Eiweiß.

— **Ku** = kubisch, bedeutet die Erhebung eines linearen Maßes zum Kubus, in die dritte Potenz; z. B. Siku = Si (Sitzhöhe) zur Dritten. Si × Si × Si. 49.

Kuh-, Abkürzung für Kuhmilch (Vollmilch).

Kuhmilch, chemische durchschnittliche Zusammensetzung 13, 17, 44. Im Gramm 1 Nem; Hektonem 100 g, 2 Dekanem Eiweiß.

— angenommene Grundzahlen 12.

— Korrektur-Tabelle 15.

— kondensierte s. Kondensmilch.

— Präparate s. Magermilch, Butter, Käse.

— pulverisiert. Im Gramm 6,7 Nem; Hektonem 15 g, 2 Dekanem Eiweiß.

Kuhrog, Kuhmilch-Rohrzucker-Gleichnahrung 20. Im Gramm 1 Nem; Hektonem 100 g, 1 Dekanem Eiweiß. Rezept; 500 g Vollmilch und 500 g 17proz. Rohrzuckerlösung werden vermengt und aufgekocht.

Kümmelkäse, schwedischer, s. Käse. Feuchter Magerkäse. Im Gramm 4 Nem; Hektonem 25 g, 4 Dekanem Eiweiß.

Kumys, alkoholisch vergorene Milch. Im Gramm 0,67 Nem; Hektonem 150 g, 2 Dekanem Eiweiß.

Laberdan (gesalzener Kabeljau). Im Gramm 1,5 Nem; Hektonem 67 g, 7 Dekanem Eiweiß.

Lachs oder Salm, geräuchert. (Fetter Fisch.) Im Gramm 3,3 Nem; Hektonem 30 g, 4 Dekanem Eiweiß.

Lachsforelle, frisch. Im Gramm 1,25 Nem; Hektonem 80 g, 7 Dekanem Eiweiß.

Leber 18, 44. Im Gramm 2 Nem; Hektonem 50 g, 5 Dekanem Eiweiß.

Leberthran. Im Gramm 13,3 Nem; Hektonem 7,5 g, kein Eiweiß.

Leberwurst, 17, 44. Die Leberwurst wird sehr verschieden zubereitet. Der Wassergehalt schwankt zwischen 28 und 56%, der Fettgehalt zwischen 14 und 43%, der Eiweißgehalt zwischen 9 und 16%.

Gute Ware: im Gramm 6,7 Nem; Hektonem 15 g, 1 Dekanem Eiweiß.

Lebkuchen. Im Gramm 5 Nem., Hektonem 20 g, 0,5 Dekanem Eiweiß.

li = Linear. Bedeutet die Umsetzung eines quadratischen oder kubischen Begriffes in das lineare Maß. Bei einem quadratischen Begriffe, also einer Fläche, geschieht dies durch Ziehen der zweiten oder Quadratwurzel (**lei**), bei einem kubischen Begriffe, also einem Körper, durch Ziehen der dritten oder Kubikwurzel (**li**) z. B. Gili, dritte Wurzel aus dem Volumen des Körpers, ausgedrückt durch das Nettogewicht in Gramm. Dabei wird die Voraussetzung gemacht, daß das spezifische Gewicht des menschlichen Körpers gleich dem des Wassers ist. 49

Liebig s. Fleischextrakte,

3,3 Nem; Hektonem 30 g, 4 Dekanem Eiweiß.

Städte, Nahrungsverbrauch 28.

Standardzahlen, nach Rubner 9.

Standhöhe (Sta) Scheitelhöhe bis Standfläche (= Körperlänge) 48, 49.

Stärkemehl 18, 45. Im Gramm 5 Nem; Hektonem 20 g, kein Eiweiß.

Das Stärkemehl hat nicht den vollen Stärkewert (6 Nem im Gramm), weil es, wie die Getreidemehle, Wasser enthält (durchschnittlich 14%).

Stärkewert nach Kellner 10.

Stilton s. Käse. Trockener Rahmkäse Im Gramm 6,7 Nem; Hektonem 15 g, 2 Dekanem Eiweiß.

Stöhr, frisch. Im Gramm 1,25 Nem; Kilonem 80 g, 7 Dekanem Eiweiß.

Stracchino, Rahmkäse. Im Gramm 6 Nem; Hektonem 17 g, 2 Dekanem Eiweiß.

Stutenmilch, chemische Zusammensetzung 13.

Suppe 115. Runde Mittelzahlen: dicke Suppe, Gleichnahrung. Im Gramm 1 Nem; dünne Suppe, Halbnahrung. Im Gramm 0,5 Nem. Kraftbrühe, Bouillon; Zehntelnahrung. Im Gramm 0,1 Nem.

Suppenmehl. Im Gramm 5 Nem; Hektonem 20 g.

Eiweißgehalt $1/2$—2 Dekanem im Hektonem, je nachdem Stärke (Tapioka), Getreidekörner oder Hülsenfrüchte die Grundlage bilden.

Syrup. Im Gramm 5 Nem; Hektonem 20 g, kein Eiweiß.

Talg s. Rindstalg.

Taubenfleisch, sehr mageres Fleisch. Im Gramm 1,5 Nem; Hektonem 67 g, 7 Dekanem Eiweiß.

Teigwaren, trocken. Im Gramm 5 Nem; Hektonem 20 g, 1 Dekanem Eiweiß.

Tee 117.

Thunfisch in Büchsen (fetter Fisch). Im Gramm 4 Nem; Hektonem 25 g, 4 Dekanem Eiweiß.

Tomate (Paradeisapfel). Im Gramm 0,25 Nem; Hektonem 400 g, 2 Dekanem Eiweiß.

Topfen s. Käse. Nasser Buttermilchkäse. Im Gramm 2,5 Nem; Hektonem 40 g, 6 Dekanem Eiweiß.

Topinambur, im Gramm 1 Nem; Hektonem 100 g, 0,5 Dekanem Eiweiß.

Tunke. Der Nährwert schwankt außerordentlich nach dem Fettgehalt. Nach Abschöpfung des Fettes unfähr: Im Gramm 1 Nem, Hektonem 100 g, 3 Dekanem Eiweiß.

Uhr zur Übersicht der Mahlzeiten 100.

Vitamine 38.

Vogeleier s. Eier.

Vollmilch s. Kuhmilch.

Wallnuß, s. Nüsse.

Wasser als Baustoff 38.

Weg = Weizenmehl-Gleichnahrung. 1200 g Wasser läßt man mit 135 g Zucker (800 Nem) aufkochen und rührt 40 g Weizenmehl (200 Nem) langsam hinein. Die Flüssigkeit läßt man auf 1000 g einkochen (zirka 10 Minuten). Sie wird gewöhnlich zu gleichen Teilen mit Vollmilch als „Kuhweg“ gegeben. Es ist ein Vorurteil, daß Säuglinge das unpräparierte Mehl nicht vertragen; sie verdauen die Stärke gut, wenn sie nicht in übergroßen Mengen gegeben wird.

Weintrauben, frisch 18, 45. Im Gramm 1 Nem; Hektonem 100 g, 0,5 Dekanem Eiweiß.

— trocken s. Rosinen.

Der Nährwert der Weintrauben ist je nach dem Reifezustande sehr verschieden. Nach de Cillis und Odifredi betrug der Gehalt von Weintrauben:

am 14. Juni: Wasser 91%; im Saft Zucker 1,2%, Säure 3,0%

am 14. Juli: Wasser 85%; im Saft Zucker 2,2%, Säure 4,2%

am 13. August; Wasser 82%; im Saft Zucker 12,1%; Säure 0,9% am 27. Sept: Wasser 78%; im Saft Zucker 20,6%; Säure 0,7%.

Weißfisch (fetter Fisch, Leuciscus alburnus). Im Gramm 2 Nem; Hektonem 50 g, 5 Dekanem Eiweiß.

Weißkohl s. Kohl.

Weizenbrot (Weißbrot) feines Weizenbrot, Semmel. Im Gramm 4 Nem; Hektonem 25 g, 1 Dekanem Eiweiß. Grobes Weizenbrot: im Gramm 3,3 Nem; Hektonem 30 g, 1 Dekanem Eiweiß. Der Nährwert ist hauptsächlich vom Wassergehalt abhängig, welcher zwischen 26—54% schwankt.

Weizenmehl s. Mehl.

Wrucke (Kohlrübe, Stoppelrübe, weiße Rübe, Unterkohlrabi, Turnips). Im Gramm 0,4 Nem; Hektonem 250 g, (ohne Zutat!) 1 Dekanem Eiweiß.

Wurst 17, 44 s. Frankfurter, Leber, Blut, Cervelatatwurst.

Ziegenmilch 13. Im Gramm 1 Nem, Hektonem 100 g, 2 Dekanem Eiweiß. Korrektur (wie bei Kuhmilch) 15.

Ziger, Vorarlberger Käse. Nasser Buttermilchkäse. Im Gramm 3,3 Nem; Hektonem 30 g, 6 Dekanem Eiweiß.

Zucker. Im Gramm 6 Nem; Hektonem 17 g, kein Eiweiß; s. Rohrzucker. Säuglinge vertragen ebensogut Rohr-(Rüben-)Zucker als Malzzucker und Milchzucker.

Zuckerbäckerwaren. Der Hauptbestandteil ist Zucker, dem in verschiedener Höhe Mehl bzw. Stärke beigemischt ist. Der Nährwert schwankt um den Nährwert des Zuckers: er wird erhöht durch Beimengung von Fett, erniedrigt durch Wassergehalt.

	Nem im g		% Fett	% Wasser
6	78	Waffeln, gefüllte	34	10
	74	Mandelkuchen	21	2
	69	Schokolade-Pralinés	18	6
	67	Makronen	21	10
	66	Marzipan	21	14
6	61	Pralinés	11	7
	58	Pfefferminzpastillen	0	1
	57	Konservebonbons	0	2
		Fruchtbonbons	0	3
	57	Stollen	17	24
	56	Brustbonbons	0	4
	56	Karamellen	0	5
	55	„ gefüllt	0	6
	55	Waffeln, englische	1	6
	55	Bonbons	0	5
	55	Fondantbonbons	0	6
5	54	Lebkuchen	3	7
		Pfeffernüsse	0	5
		Türkenbrot	0	6
		Pumpernickelkakes	2	7
	53	Schaumkuchen, gefüllt	0	10
		Tee-Biskuits	3	11
		Eisbonbons	0	9
	52	Krinolinkuchen	1	10
		Gummibonbons	0	7
		Dragees Sieb.	0	12
	51	Sultanbrot	0	12
	49	Punschplätzchen	0	16
	47	Honigkuchen	2	15
	47	Orangenschalen, kandiert	0	15

Zuckerrüben. Im Gramm 1 Nem; Hektonem 100 g, 0,5 Dekanem Eiweiß.

Zunge, frisch, 3 Dekanem Eiweiß 17, 44. Im Gramm 33 Nem; Hektonem 30 g. — geräuchert und gesalzen. Im Gramm 5 Nem; Hektonem 20 g, 2 Dekanem Eiweiß.

Zwetschgen im Gramm 0,67 Nem; Hektonem 150 g, 0,5 Dekanem Eiweiß.

Zwieback. Im Gramm 5 Nem; Hektonem 20 g, 1 Dekanem Eiweiß. Durch die Wiederholung des Backprozesses ist der Wassergehalt auf 10% herabgedrückt; der Nährwert entspricht daher dem des Mehles.

Zwiebel, frisch. Im Gramm 0,5 Nem; Hektonem 200 g, 1 Dekanem Eiweiß. — getrocknet. Im Gramm 3,3 Nem; Hektonem 30 g, 1 Dekanem Eiweiß.

Tafel II.

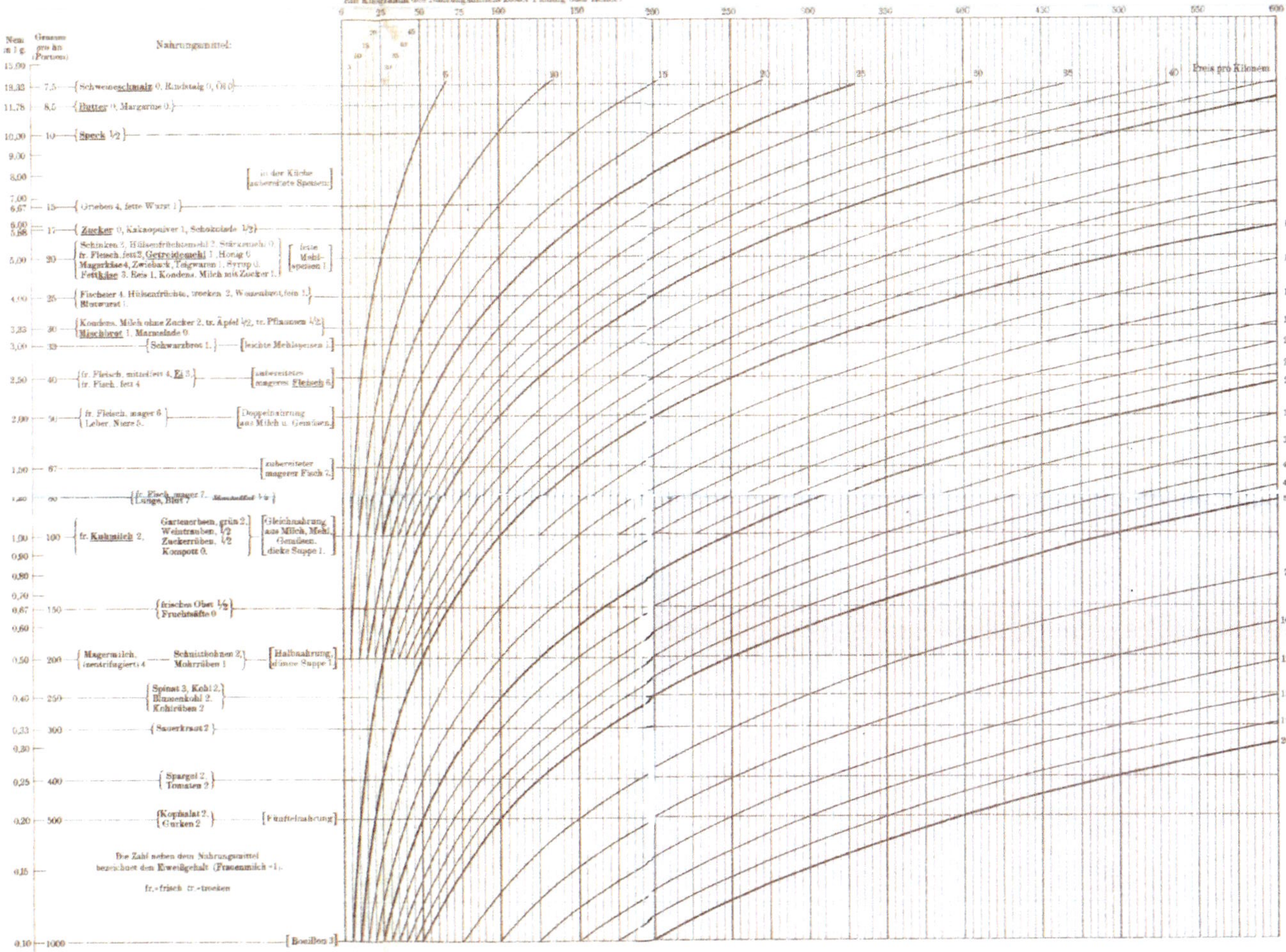

Einkauf von Nahrungsbrennstoff.

Der Marktpreis ist bei jedem Nahrungsmittel in der entsprechenden horizontalen Linie einzusetzen; die schrägen Linien ergeben den Preis für das Kilonem, und erlauben den Vergleich der Preise nach dem Nahrungswerte.

Verlag von J. Springer in Berlin.

Techn.-art. Anstalt von Alfred Müller in Leipzig.

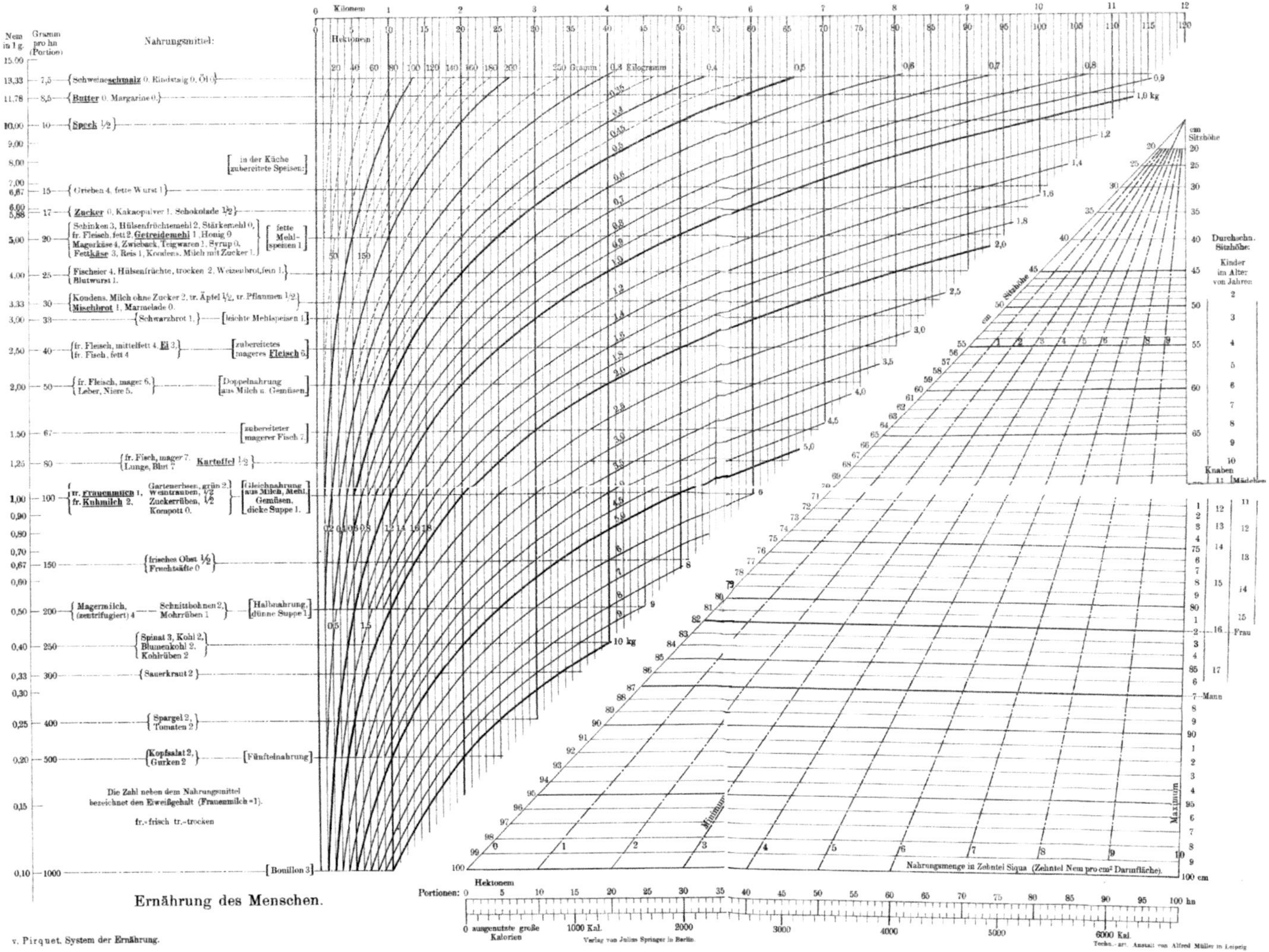

Ernährung des Menschen.

Tafel III.

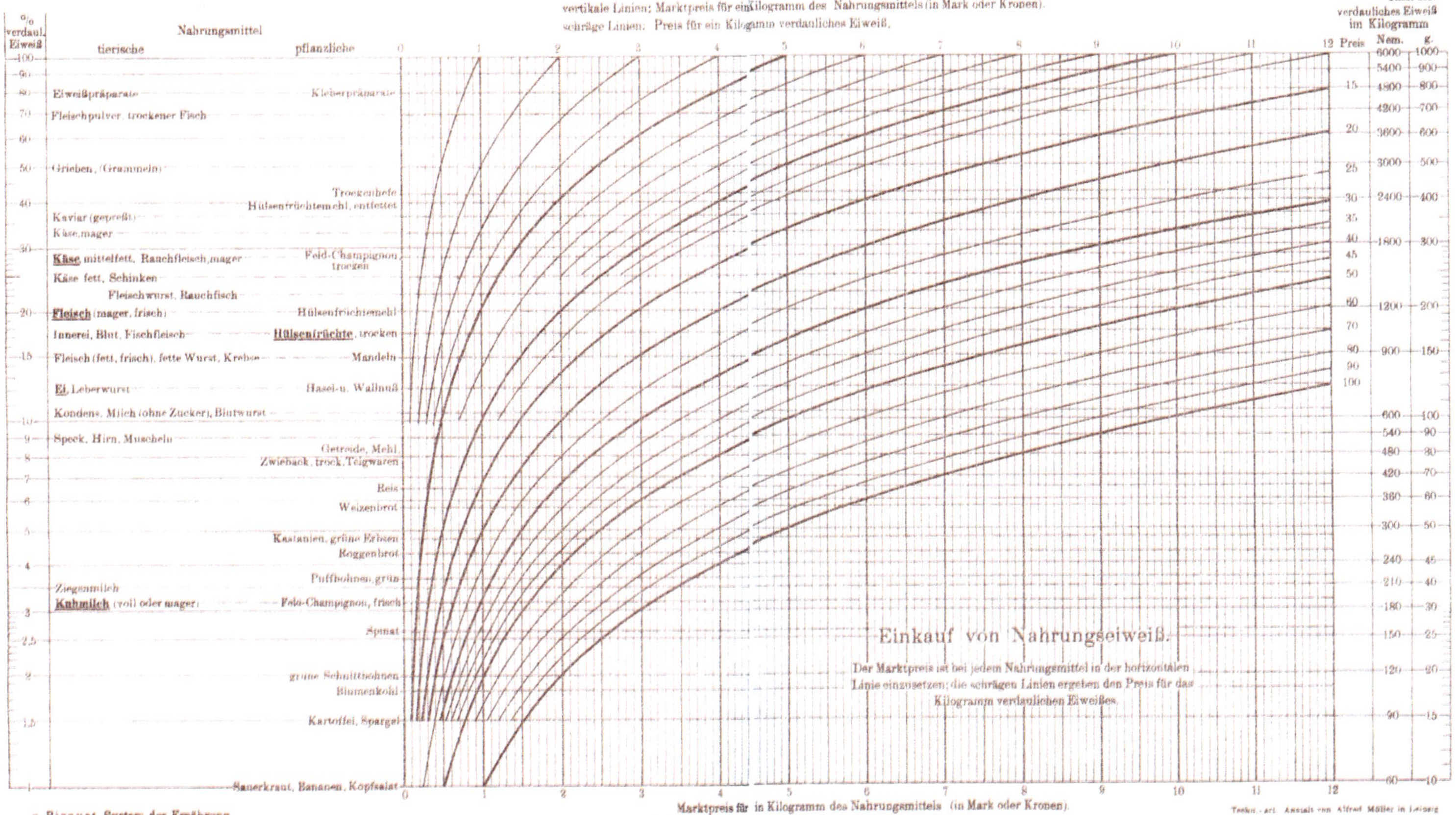

v. Pirquet, System der Ernährung.

Verlag von Julius Springer in Berlin.

Techn.-art. Anstalt von Alfred Müller in Leipzig

GPSR Compliance

The European Union's (EU) General Product Safety Regulation (GPSR) is a set of rules that requires consumer products to be safe and our obligations to ensure this.

If you have any concerns about our products, you can contact us on ProductSafety@springernature.com

In case Publisher is established outside the EU, the EU authorized representative is:

Springer Nature Customer Service Center GmbH
Europaplatz 3
69115 Heidelberg, Germany

Batch number: 10682411

Printed by Printforce, the Netherlands